入試問題が語る
数学の世界

岸 吉堯 著

現代数学社

序 言

　多数の高校生諸君が数学の勉強は入試のためと考えているのは寂しいことです．文科系だから数学を捨てる，理科系に進むが負担となるから選択で数学の不要な大学を選ぶなど数学を極力避ける傾向が根強く存在しています．
　その結果，分数や小数の計算もできない大学生，数学の力不足で専門の勉強に支障をきたすなど憂うべき事態が生じています．数学の研究者は少数で良いとしても，日常生活で必要な数学さえ理解できないようでは我が国の将来の発展は望めないからです．
　高校生は目前の大学合格への対策より，もっと長い目で，いまどんな学習をしておく必要があるのか真の対策を考えるべきだと思います．高度な文明社会となり高校で扱っている程度の初等数学は大学へ進学する人々には基礎知識として必要な時代と痛感するのですが……．
　ところで，受験生諸君は参考書や問題集で過去の入試問題を解くことで実力養成に励むでしょう．その場合に大抵は，頻出問題を調べて傾向を知ったり，難問攻略法を身につけることが主眼となります．従って，問題に関する出題者の意図する所やその内容への着目点，問題によってアピールしたいことなど出題者が問題に託した思いまで考えたことはまず無かったと思います．
　しかし，過去の多数の入試問題をその題材の選定，内容，記述などを見るときその中には出題者のメッセージが伝わる良質の問題に出会い，思わずハッとすることがあります．
　それは，数学史の上で重要なものであったり，深遠な数学の世界を瞥見できるものであったり，現代人として考えなければならない問題であったり，さらには，有名で興味深い数学遊戯の問題で数学の世界へ誘うものであったりします．
　本書は，雑誌『理系への数学』で1999年5月号から，主として20世紀後半の入試問題の中で，このような人々の心を引きつけると思われる良質の問題を，
　1. 歴史的に有名で親しみ深い問題
　2. 社会生活の中で身近な問題
　3. 遊戯性をもち理知的な問題
に注目して選び連載した最初から31回までの内容を17項目にまとめて整理

したものです．

　その構成は，選んだ問題を'試問''とし，その問題へ挑戦をしながら問題のよさを吟味してもらい，続いて，"余談"で，その入試問題について，問題の誕生や発展，関係する数学者とその逸話，また，他の入試問題から試問の類題を選びその演習など，広範囲に渡る内容を自由に展開し，一種の"入試問題が語る数学の世界"'を記述してみました．時には，取り上げた内容に釣られて，調子に乗り途方もなく横道に逸れて，直接関係のない話題も入りましたが，休憩個所としていただけたらと思います．

　本書で取り上げた個々の入試問題の一題一題から，あたかも，考古学者が発掘した土器の一片一片からその土器が語る時代や文化を知る如く，あるいは礎石の配列から当時の建築物を復元する如く，"入試問題が語る世界"が目前に広がり数学への親しみと興味を感じていただけたら嬉しく思います．

　最後，原稿を書くに当たって定例研究会でいろいろと豊富な話題の提供とご指導いただいた安藤洋美先生をはじめ同会の門脇光也，長岡一夫の両氏に深く感謝致します．また，出版に当たって何かとご援助ご協力下さった現代数学社の富田栄氏や編集部の方々に心より厚くお礼を申し上げます．

2003 年 10 月.

著者識

《目 次》

序言

■1. 虫食い算　　　　　　　　　　　　　　　　　　　1
　（ⅰ）小町虫食い算　　　　　……｜試問1｜……　　1
　（ⅱ）虫食い算（帳簿の復元）　……｜試問2｜……　　5

■2. 魔方陣　　　　　　　　　　　　　　　　　　　　9
　（ⅰ）和の正方陣　　　　　　　……｜試問3｜……　　9
　（ⅱ）積の正方陣　　　　　　　……｜試問4｜……　15
　（ⅲ）ラテン方陣　　　　　　　……｜試問5｜……　19
　（ⅳ）六星陣　　　　　　　　　……｜試問6｜……　23

■3. 一筆書き　　　　　　　　　　　　　　　　　　　27
　（ⅰ）「め」の字と一筆書き　　……｜試問7｜……　27
　（ⅱ）図形の一筆書き　　　　　……｜試問8｜……　32

■4. 三家族の親子の川渡り　　　　……｜試問9｜……　37

■5. マンゴー問題の変形　　　　　　　　　　　　　　43
　（ⅰ）リンゴの問題　　　　　　……｜試問10｜……　43
　（ⅱ）魚の問題　　　　　　　　……｜試問11｜……　48

■6. 経路の問題　　　　　　　　　　　　　　　　　　54
　（ⅰ）直線図形上の経路　　　　……｜試問12｜……　54
　（ⅱ）一方通行の経路の個数　　……｜試問13｜……　60
　（ⅲ）旗片付けと最短距離　　　……｜試問14｜……　66
　（ⅳ）郵便屋さんの最短道程　　……｜試問15｜……　73
　（ⅴ）'カメの動き'を描いてみよう　……｜試問16｜……　79

■7. 倍増問題　　　　　　　　　　　　　　　　　　　86
　（ⅰ）銭1円，日に日に2倍の事　……｜試問17｜……　86
　（ⅱ）米1粒，将棋盤のマスに次々2倍の事　……｜試問18｜……　92
　（ⅲ）紙一枚を次々2等分して積み重ねの事　……｜試問19｜……　97

（iv）バラモンの塔（一名ハノイの塔）	…… |試問 20| ……	103
■8. 取り尽くしの問題			109
日に日に残りの行程の1/3を進むと	…… |試問 21| ……	109
■9. 受験生と神主のどちらが有利か	…… |試問 22| ……	117
■10. F・T君の某大学への合格の確率	…… |試問 23| ……	125
■11. 迷えるP君の究極の動きはどうなるか	…… |試問 24| ……	131
■12. 祖先が埋蔵した宝物探し	…… |試問 25| ……	140
■13. 暗号文の解読	…… |試問 26| ……	150
■14. 2種の演算記法	…… |試問 27| ……	159
■15. 人口移動の問題	…… |試問 28| ……	170
■16. 生命関数を考えてみよう	…… |試問 29| ……	181
■17. 男・女の出生比率の"謎"	…… |試問 30| ……	189

　参考文献　　　　　　　　　　　　　　　　　196
　事項索引　　　　　　　　　　　　　　　　　198
　人名索引　　　　　　　　　　　　　　　　　202

1. 虫食い算

（ⅰ） 小町虫食い算

■ 試問1 ■　下図の掛算においてA,B,C,D,E,F,Gは2条件
（ⅰ）A,B,C,D,E,F,Gは互いに相異なる．
（ⅱ）A,B,C,D,E,F,Gは2,4,5,6,7,8,9のいずれかである．
を満足する．そのとき，A,B,C,D,E,F,Gはただ一通りに決まることを示せ．
　　まず，3×[C]から考察せよ．

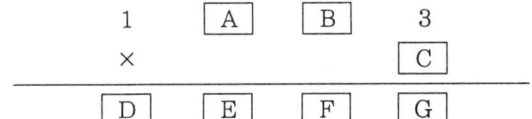

中央大．（法）．

　計算式の一部（または全部）に数字の欠けた個所があるとき，その個所に適当な数字を補い正しい式に完成する問題を「**虫食い算**」と云います．また，数字の0〜9または1〜9を一回ずつ用いた計算式を「**小町算**」と云います．この問題はその両方に該当しているので「**小町虫食い算**」と云うことになります．
　すなわち，1と3の個所を除いたA〜Gの7個所の数字が欠けておりそこに残りの7個の数字から一個ずつを補って掛け算の式を完成する問題です．試行錯誤では数が多いため混乱し，また，うまく見つけても一通りであることの証明が大変です．さらに，7！通りのすべての場合を虱つぶしに調べたら膨大な紙と時間を要します．そこで，まず，3×Cから考察するよう親切な指示でヒントが与えられています．
　さあ，それでは挑戦してみて下さい．

1. 虫食い算

> **余談**

1. 「虫食い算」は江戸時代から数学の問題や数遊戯として発展してきました．現存する書物で最初に現れるのは中根彦循の『竿頭算法（かんとうさんぽう）』(1738) と云われています．書類等紙に記した計算式の数字が欠けた個所は虫に食われたため生じたと云うのが語源です．西洋でも同種のものや数字を文字で置き換えた「覆面算」があります．

次の図は虫食い算の問題で，右は藤田貞資著『精要算法』（元明元年．1781．），左は明治初期の教科書で山田正一著『小学筆算教授本』（明治6年．1873．）にあるものです．ただし，後者は虫食いによるものではなく墨付きにより不明ヶ所が生じたとなっています．

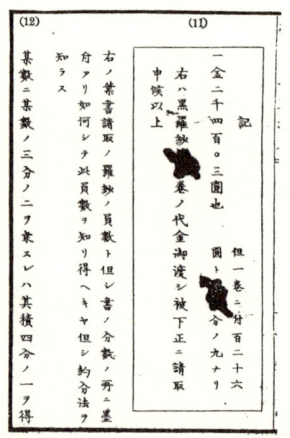 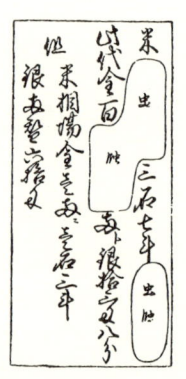

墨付：『小学筆算教授本 巻五下』（明治6年）　　虫蝕：『精要算法』（天明元年）

それぞれの文を読み易くすると，前者は，

「米 [虫蝕] 3石7斗 [虫蝕] 升 [虫蝕] 此代金百 [虫蝕] 両銀ト銀拾三匁八分

　　但　米相場金壱両ニ付壱石三斗　銀両替六拾匁 」

であり，後者は，

「　　　　　　　記

一金二千〇三円也　但　一巻ニ付百二十六円 [墨付] 分ノ九ナリ

右ハ黒羅紗 墨　付 巻ノ代金御渡シ被下正ニ請取申候　以上　」
　右ノ葉書請取ノ羅紗ノ員数ト但シ書ノ分数ノ所ニ墨付アリ如何シテ此員数ヲ知リ得ヘキや但シ約分法ヲ知ラス

となっています．ここで，羅紗（らしゃ）は羊毛で織った織物で一定の長さに巻いてあり，1巻，2巻，……として数えます．員数はその本数のことです．

2．「小町算」もやはり中根彦循の『勘者御伽双紙（かんじゃおとぎぞうし）』（1743）の中に"小町の事"と題して1～9までの数字を用いて計算により99を作る方法が歌に詠まれたのが用語の始まりと云われています．西洋でもH・E・デュドニーの「100作りの問題」(1917)があります．これは，「1～9の数字の間に適当に加減乗除の記号を入れて100を作れ．」と云うもので1971年までにコンピュータを使用してすべて解決されました．

　数字の並び方が 1, 2, 3, ……のものを**正順**，逆の，9, 8, 7, ……のものを**逆順**と云います．例えば，
$$1+2+34-5+67-8+9=100$$
は正順ですが，このような正順の個数は150通りあり，また，
$$9-8+76+54-32+1=100$$
は逆順ですが，このような逆順の個数は198通りあることをアメリカのパットン・ジュニアがコンピターを用いて求めました．

◀ **解　答** ▶　まず，$3 \times C$からCとして不適なものを除くと，$3 \times 5 = 15$，$3 \times 7 = 21$よりCは5と7ではない，従って，
$$C = 2, 4, 6, 8, 9$$
　この5通りのCについて順に調べる．
(1) $C = 2$のとき：
　$D = 2$または3　何れも不適．　　よって，$C = 2$のとき解なし．
(2) $C = 4$のとき：
　Bは5, 6, 7, 8, 9が考えられるが5, 8はFが1と3となり不適だからBは6, 7, 9となる．
　$B = 6$の場合，$A = 7, 8, 9$の何ずれかとなるが，7, 8のときはEが0または

他と重なり不適．$A=9$ のとき $E=8$，$D=7$ となって条件を満たす．

$B=7$ の場合，$A=5,6,8$ の何ずれかとなるが，いずれも E が他と重なり不適．

$B=9$ の場合，$A=5,6,8$ の何ずれかとなるが，5,6 のときは E が他と重なり，8 のときは D が他と重なる．

よって，$C=4$ のとき，$A=9$，$B=6$，$D=7$，$E=8$，$F=5$，$G=2$ となり適す．

(3) $C=6$ のとき：

B は 2, 4, 5, 7, 9 が考えられるが 2, 5, 7 のときは F が 1 または 3 となり不適だから B は 4, 9 の何ずれかとなる．

$B=4$ のとき，$A=2,7,9$ の何ずれかである．2, 7, 9 のときは E が他と重なり不適．

$B=9$ のとき，$A=2,4,7$ の何ずれかとなるが何ずれも E が他と重なり不適である．

よって，$C=6$ のとき解なし．

(4) $C=8$ のとき：

D は 8 となれないから 9 である．したがって，B は 2, 5, 6, 7 の何ずれかである．

$B=2$ のとき，F が 8 で重なる．

$B=5$ のとき，A は 6, 7 の何ずれかであるが何ずれも E が 0 または他と重なり不適．

$B=6$ のとき，F が 0 で不適．

$B=7$ のとき，F が C と重なり不適．

よって，$C=8$ のとき解なし．

(5) $C=9$ のとき：

$10<D$ となり不適．

よって，$C=9$ のとき解なし．

ゆえに，(1)〜(5) より，条件を満たすのは $A=9$，$B=6$，$C=4$，$D=7$，$E=8$，$F=5$，$G=2$．のときただ一通りである．

C から考察を始め，被乗数の B,A を考え不適なものを篩にかけていけば手間はかかるが解法は単純である．

(ⅱ) 虫食い算（帳簿の復元）

試問 2　下の図を満たす正整数の組 (a, b, c, d, e, f) の個数を求めよ．

	a	b	c	計
				8
	d	e	f	10
計	5	6	7	

（注意）　この表は $a+d=5$，$a+b+c=8$ 等の意味である．

琉球大．（理工）．

ヒント　与えられた図は帳簿の一部で，縦横の項目は切り取られ，各欄の数字が正整数であったこと，すべての小計は分かっています．そこでこの帳簿の各欄の数字はどうであったかを考えてみようと云うものです．すなわち計算式の一部が空白になっておりその個所に適当な数値をうめて完全な形に復元する一種の「**虫食い算**」です．

ところが，困ったことにこの解が一意的に定まらない（すなわち，解の数が何組か存在する）から，その解の記述ではなくその解が何通り考えられるか，その個数を求めようというものです．しかし，やはり実際に解を求めてその個数を数えた方がよさそうです．

帳簿は，縦の合計＝横の合計　ですから第1行目の a, b, c が1つ求まれば，それに応じて縦の小計から d, e, f は1つ決まりしたがって，1組の解が得られることがヒントとなります．

余談　この問題の小計の部分をみると，縦の小計は，順に 5, 6, 7 で連続した整数ですが横の小計は 8, 10 となって連続した整数になっていません．もちろん，縦と横の合計は一致しないといけないから，横の小計を 8, 9 とすることはできません．

それでは，縦の3個小計が左から順に連続した数となり，それに続いて2個の横の小計も連続となるような問題は作れるでしょうか．もし，可能ならばそのような正整数の組 (a, b, c, d, e, f) の個数はいくらとなるでしょう．

最初に，可能かどうかを調べてみます．

縦の小計を順に，n, $n+1$, $n+2$ また横の小計を順に，$n+3$, $n+4$ とすると，縦と横のそれぞれの合計は等しいから，
$$3n+3 = 2n+7 \qquad \therefore \quad n=4$$
よって，4は正の整数ですから可能であることが分かります．すなわち，帳簿は

				計
	a	b	c	7
	d	e	f	8
計	4	5	6	

となります．

正整数の組の個数の求め方は本題と同じですのでこれも一緒に解いてみて下さい．

【答】 11個．

虫食い算は我が国では江戸時代以降種々の表現や形式で数学の問題に取り入れられて来ました．文書，帳簿などに含まれる計算に関するある部分が，虫蝕による欠損から墨付などの汚染や破れて紛失などによる表現も現れ，要するにある原因によって不明な個所が生じたものをもとの正しい形に復元する形式となりました．さらに，現在では，この形式を応用して，ある問題の出題者がその問題の中に人為的に数個所の空欄の枠を作って，それを適当に埋める穴埋め問題として入試などにこの形式がよく利用されています．

次の問題はある高校入試の問題で破れて紛失した個所を復元するものです．

問題：下の表は40人のクラスのテストの結果をまとめたものです．一部がやぶれていますが，クラスの平均点は5.3点です．次の問に答えなさい．

点数	0	1	2	3	4	5	6	7	8	9	10
人数	1	0	3		5	7	10		2	2	1

(1) 点数が7点の生徒は何人ですか．
(2) 点数が3点以下の生徒は全体の何％ですか．

破れた2個所の人数をそれぞれ3点のもの x 人，7点のもの y 人として連立方程式を作り解くことになります．

さらに，次の問題は帳簿の復元を行い確率を計算するものです．試してみて下さい．

問題1. 右の表はあるクラスの50人の生徒の英語と数学の成績をまとめたものであるが，アルファベットが記入してあるところでは数字が読めなくなってしまった．

数学\英語	5	4	3	2	1	計
5	1	A	0	0	0	2
4	0	3	B	0	0	7
3	C	D	E	F	0	G
2	0	1	X	0	1	7
1	0	0	Y	1	1	2
計	2	Z	32	7	2	50

(1) 読めなくなった数字を求めよ．

(2) 数学の成績が3である生徒の中から1人の生徒を任意に選ぶとき，その生徒の英語の成績が4である確率を求めよ．

(3) 2人の生徒を任意に選ぶとき，その2人の生徒の数学の成績が同じである確率を求めよ．

専修大．（経営）．

解答： (1)

A	B	C	D	E	F	G	X	Y	Z
1	4	1	2	23	6	32	5	0	7

(2) $\dfrac{2}{32} = \dfrac{1}{16}$

(3) $\dfrac{{}_2C_2 + {}_{7}C_2 + {}_{32}C_2}{{}_{50}C_2} = \dfrac{108}{245}$

◀解 答▶ 問題を定式化してみると，6個の正の整数 a, b, c, d, e, f について，

$$a + d = 5 \quad \cdots\cdots ①$$
$$b + e = 6 \quad \cdots\cdots ②$$
$$c + f = 7 \quad \cdots\cdots ③$$
$$a + b + c = 8 \quad \cdots\cdots ④$$
$$d + e + f = 10 \quad \cdots\cdots ⑤$$

ここで，①，②，③より，

a, b, c の値が決まると，それによって d, e, f の値は定まります．

よって，④式を満たすように，a, b, c の値をもとめれば，それによって定まる d, e, f は

①＋②＋③＝④＋⑤より

自ずから⑤を満たしています．

そこで，a, b, c の値を求めると，①，②，③から，
$$1 \leq a \leq 4, \quad 1 \leq b \leq 5, \quad 1 \leq c \leq 6 \quad \therefore \quad a = 1, 2, 3, 4$$

(1) $a = 1$ の場合　　④より，$b + c = 7$ だから
   $(b, c) = (1, 6), (2, 5), (3, 4), (4, 3), (5, 2)$ 　　$\therefore$ 　5 個．

(2) $a = 2$ の場合　　$b + c = 6$ だから
   $(b, c) = (1, 5), (2, 4), (3, 3), (4, 2), (5, 1)$ 　　$\therefore$ 　5 個．

(3) $a = 3$ の場合　　$b + c = 5$ だから
   $(b, c) = (1, 4), (2, 3), (3, 2), (4, 1)$ 　　$\therefore$ 　4 個．

(4) $a = 4$ の場合
   $b + c = 4$ だから，$(b, c) = (1, 3), (2, 2), (3, 1)$ 　$\therefore$ 　3 個．

である．従って，求める個数は，
$$5 + 5 + 4 + 3 = 17 \text{（個）}$$
となります．

　場合の数を求めるとき，視覚的で分かり易い樹形図も利用されます．樹形図をかくと次のようになります．

a	b	c	……	個数
1	1	6	……	①
	2	5	……	②
	3	4	……	③
	4	3	……	④
	5	2	……	⑤
2	1	5	……	⑥
	2	4	……	⑦
	3	3	……	⑧
	4	2	……	⑨
	5	1	……	⑩
3	1	4	……	⑪
	2	3	……	⑫
	3	2	……	⑬
	4	1	……	⑭
4	1	3	……	⑮
	2	2	……	⑯
	3	1	……	⑰

確かに，17 通りであることが分かります．

2．魔方陣

（ⅰ）和の正方陣

試問3 $a, b, c, d, e, f, g, h, i$ は互いに相異なる0から8までの整数である．これを図のように配置すると，たてに並ぶ3個の整数和 $a+d+g$, $b+e+h$, $c+f+i$ がすべて s であり，横に並ぶ3個の整数和 $a+b+c$, $d+e+f$, $g+h+i$ もすべて s であり，斜めに並ぶ3個の整数和 $a+e+i$, $c+e+g$ もすべて s である．

(1) s の値を求めよ．
(2) e の値を求めよ．
(3) a は0でないことを示せ．
(4) $a<c, b=0$ のときに， a, c, d, f, g, h, i の値を求めよ．

a	b	c
d	e	f
g	h	i

室蘭工大．

ヒント この問題のように，正方形のマス目の中に数を入れて縦，横，斜め（対角線）に並ぶ数の和が s に等しくなるものを**マジック数 s の魔方陣**（魔法の四角形）と呼びます．その最も簡単なものが問題のように3行3列からなるもので3次の魔方陣または3方陣と云います．よく知られているものは1から9までの数字を用いそれぞれの和を15とするもの（余談参照）ですが，これまで目に触れたことはありませんか．

問題では用いる数字を0から8としたものです．簡単ですから試行錯誤でもあまり時間をかけずに解ける可能性もありますが，ここでは論理的に代数を用いるよう設問で誘導されています．

一般には，解は1通りではありませんがここでは，(4)で $a<c, b=0$ と指定されていますから唯1通りとなり，(1)と(2)が分かれば殆ど解決です．

余力があれば(4)の条件を取り除いて解が何通りあるかに挑戦してみて下さい．

2．魔法陣

> **余談**

1. 中国の黄河の上流に文明が生まれ次第に中・下流へと移りその流域に都市国家が誕生しますが，黄河は氾濫を繰り返しその治水事業は国家の重要な課題でした．

　伝説（殷の遺跡）によると，舜帝のとき9年間に渡り大洪水が続き，このとき禹は治水事業に大きな貢献をしました．その時代に黄河支流の洛水で背中に次の図1が描かれた亀が見つかりました．後，この図は『洛書』と呼ばれています．○や●の個数を数え直すと○は奇数，●は偶数を示し図2のような3次の魔方陣となります．

　この洛書が魔方陣の最初のものです．

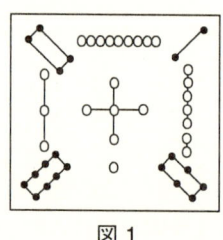

4	9	2
3	5	7
8	1	6

図1　　　　　　　図2

　洛書はその出現の経緯や構成の神秘性から天意を表すと受け取られ易経・八卦等に取り入れられたり，魔除けや悪病除けとして家の入り口に掲げられたりしましたが，

　13世紀（宗末）になると魔方陣（＝洛書）は楊輝によって算法が研究され4次，5次，……の魔方陣や円陣など新しい魔方陣作りの研究へと発展し，その研究結果は後に『楊輝算法』(1275)に整理されて出版されました．16世紀末の明代に程大位も著書『算法統宗』(1593)に楊輝と大体同じ内容の魔方陣を記述しています．

2. 我が国では凡そ秀吉末期の頃に上記の2書も伝来し，磯村吉徳の『首書闕疑書』，田中吉真の『洛書亀鑑』，松永良弼の『方陣新術』など魔方陣に関する多くの著書も現れ和算家の関心を引き関孝和も一般的な解法に取り組みました．また，西欧へはインド・アラビアを経て伝わり1514年にはアルブレヒト・デューラー（ドイツ：1471～1528）は有名な銅版画「メランコリアⅠ」の中に右の4次の魔方陣を刻んでいます．

16	3	2	13
5	10	11	8
9	6	7	12
4	15	14	1

この魔方陣もよく考察すると不思議な魔性がいろいろと浮かび上がります．
（例えば，真中で4分割すると各部分の総和は等しいなど）西洋でもその神
秘性から占星術と結びついたり，お守りとしたり，建物の壁に彫り込まれた
りしました．

デューラー

デューラー：「メランコリアⅠ」
右上の壁に魔方陣が描かれている

楊輝の『楊輝算方』には，次の4次の2つの魔方陣（A）と（B）が示され
ています．

2	16	13	3
11	5	8	10
7	9	12	6
14	4	1	15

（A）

4	9	5	16
14	7	11	2
15	6	10	3
1	12	8	13

（B）

ここで，この（B）を変形してデューラーの魔方陣を求めてみよう．そのた
め，最初に4次の魔方陣のもつ基本的な性質を述べると，
性質1． 行または列を入れ替えても，行または列の和は不変である．ただし，
対角和は不変とは限らないが中央の2×2正方形の対角和が等しいと
きは元の対角和も等しく不変である．
性質2． 対角和が不変のままで第2行と第3行または第2列と第3列を入れ
替えるにはそれぞれ数を魔方陣の中心点に関して対称に移せばよい．
が成り立ちます．

さて，上記の魔方陣（B）について，左回りに 90° 回転すると図（B'）となります．

16	2	3	13
5	11	10	8
9	7	6	12
4	14	15	1

（B'）

16	3	2	13
5	10	11	8
9	6	7	12
4	15	14	1

（C）

ここで，第2列と第3列を入れ替えをしますと，性質1．より，各行と各列の和は 34 は不変です．

そこで，対角和はどうかを調べると，この場合は中央の 2×2 の正方形の対角和が

$$11+6=10+7$$

となって等しいから元の対角和も不変であり 34 となっています．この魔方陣（C）がデューラーの魔方陣です．

このようにして，デューラーの魔方陣は楊輝の魔方陣（B）から容易に変換できることが分かります．

3．サグラダ・ファミリア教会の魔方陣

スペインのバルセロナにあるサグラダ・ファミリア教会の受難の門（西門）の右側壁面に，イエスとイエスに囁くユダの 2 人の大きな像がありその横にデューラーの魔方陣に模して次のような魔方陣が刻まれています．

サクラダファミリア教会：受難の門の魔方陣

ただし，デューラーの魔方陣は4次の正方魔方陣の標準形で1から16までの数字を用いマジック数34のものですが，この教会のものには12と16がなく，その代わりに10と14が2回使用されてマジック数が33となっています．33は多分イエスの没年を示すと想像します．しかし12と16が何故除かれたかの理由は私には不明ですが何かの暗示が含まれているのかも知れません．この2つの魔方陣の構成が同じになっていることは以下の比較によって明らかです．

教会の魔方陣

1	14	14	4
11	7	6	9
8	10	10	5
13	2	3	15

デューラーの魔方陣

16	3	2	13
5	10	11	8
9	6	7	12
4	15	14	1

いずれも太線で4つに分割した部分はマジック数33と34になっています．

$7+6+10+10=33$

$10+11+6+7=34$

$1+4+13+15=33$

$16+13+4+1=34$

2. 魔法陣

```
[  ][14][14][  ]
[11][  ][  ][ 9]
[ 8][  ][  ][ 5]
[  ][ 2][ 3][  ]
```
$14+14+2+3=33$
$11+8+9+5=33$

```
[  ][ 3][ 2][  ]
[ 5][  ][  ][ 8]
[ 9][  ][  ][12]
[  ][15][14][  ]
```
$3+2+15+14=34$
$5+9+8+12=34$

```
[  ][14][14][  ]
[11][  ][  ][ 9]
[ 8][  ][  ][ 5]
[  ][ 2][ 3][  ]
```
$14+11+3+5=33$
$8+2+14+9=33$

```
[  ][ 3][ 2][  ]
[ 5][  ][  ][ 8]
[ 9][  ][  ][12]
[  ][15][14][  ]
```
$3+5+14+12=34$
$9+15+2+8=34$

デューラーのは最下段の中央に 15 と 14 を並べて制作年の 1514 年となるようにしてありますが教会の魔方陣では 2 と 3 となっています．両者の全体的な数字の配列は，上下と左右が逆となっています．

◀解 答▶

(1) 横の数字の和はそれぞれ s であるから，
$$(a+b+c)+(d+e+f)+(g+h+i)$$
$$=0+1+2+3+4+5+6+7+8$$
$$=36$$
$$\therefore 3s=36, \qquad \therefore \ s=12 \qquad 【答】$$

(2) $b+e+h=s, \quad d+e+f=s, \quad a+e+i=s, \quad c+e+g=s$
辺々加えると，
$$a+b+c+d+4e+f+g+h+i=4s=48$$
$$\therefore 36+3e=48, \qquad \therefore \ e=4 \qquad 【答】$$

(3) $a=0$ とすると，

$$d+g=s, \quad e+i=s, \quad b+c=s$$

辺々加えると
$$b+c+d+e+g+i=3s$$

ところが,
$$b+c+d+e+f+g+h+i=3s$$

上の2式から,
$$f+h=0$$

これは f, h が1から8までの整数であることに反する.

$$\therefore \quad \boldsymbol{a \neq 0} \qquad \text{[Q. E. D]}$$

(4) $b+e+h=12$ より, $h=8$
$$a+b+c=12, \quad \therefore \quad a+c=12$$

ここで, $1 \leqq a < c$, $h=8$ より
$$a=5, \quad c=7$$

これから, 順にたて, 横, 斜めの和が12となるように求めると,
$$a=5, \ c=7, \ d=6, \ f=2, \ g=1, \ h=8, \ i=3 \qquad \text{[答]}$$

(ⅱ) 積の正方陣

試問4 右の表において, d から j まではすべて（相異なるとは限らない）正の整数である. この表の各行, 各列, 二つの対角線上の数の積がいずれも同じ値であるとすれば

$d=\boxed{}, \ e=\boxed{},$
$f=\boxed{}, \ g=\boxed{},$
$h=\boxed{}, \ i=\boxed{},$
$j=\boxed{}$

1	d	e
f	3	g
h	i	j

である.
　　　　　　　　　　　　　　　　　青山学院大.（理工）.

もともと, 魔方陣は正方形のマス目の中に数を入れて縦, 横, 斜め（対角線）に並ぶ数の和を等しくするものですから, この問題のように**積**を等しくするものは魔方陣を変形したものです. いろいろな計算（この問題では乗法）でマジック数が求まるとき, 加法のときは**魔方陣**, 減法のときを**差の方陣**, 乗法のときを**積の方陣**と呼びます.

16　　　　　　　　　　　　　　2．魔法陣

　魔方陣の**魔**は魔法，魔力，神秘性など不思議さや驚きを覚えることを，**方**は正方形を，**陣**は配置することを意味していますからマジック数はどんな方法で作っても作る方法がはっきりしていればよいわけです．

　さて，問題ですが9個の数字のうち2個が与えられ，しかもその内の1つが中央の数値ですから大変助かります．また，整数の積の問題だから計算によれば約数・倍数の性質を使うことは勿論です．しかし，その演算の性質に目を付け用いられる数の特性に気付くと方程式を立てなくても数回の試行で解決できるかも知れません．解決したら一度きちんとその数をワクに入れてこの方陣が配置に関して極めて特徴をもつこと（余談参照）を見つけて下さい．

余談　魔方陣は洋の東西を問わず初期においてはその神秘性から崇められ占い，占星術などと結びつきましたが，その後次第に数学の研究対象となったり庶民の数遊戯としての楽しみに用いられるようになりました．そして，その過程で問題のようにマジック数の求め方や数の配置の仕方も変形したものが工夫され，新しい配置の仕方も考えられて広い範囲へと発展しました．

　次の例は，小学校の教科書に載せられた配置を変えた最も簡単な三角形の例です．

　啓林館．「算数：6年下」（1985）に，"計算あそび"として，
「右の図は，○の中に，1，2，3，4，5，6の数字を入れて，それぞれの辺の上にある数の和が，どれも9になるようにしたものです．」

○の中の数を入れかえて和が10になるようにしましょう．

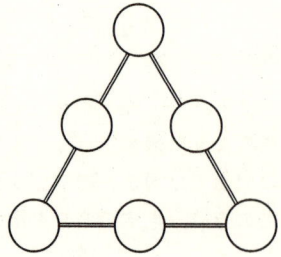

○の中の数を入れかえて和が11になるようにしましょう．

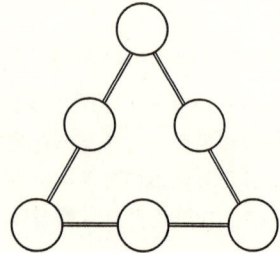

次の問題は，同種の高校入試の問題です．解いて楽しんで下さい．ただし，(2)，(3) の解答は一意的でないことはもちろんのことです．

問題：図1の6つの○の中に，1, 2, 3, 4, 5, 6の異なる6個の数を1つずつ入れて，一直線上に並んだ3つの数の和が等しくなるようにしたい．次の問いに答えなさい．
(1) 図2のように，1, 5, 6の3つの数を入れるとき，他の3つの○に入れる数を，書きなさい．
(2) 一直線上に並んだ3つの数の和が10になるようにするには，6つの○の中に6個の数をどのように入れればよいか，書きなさい．
(3) 一直線上に並んだ3つの数の和が最大になるとき，その値はいくらか，求めなさい．
　また，そのとき，6つの○の中に6個の数をどのように入れればよいか，書きなさい．　　　　（兵庫県）．

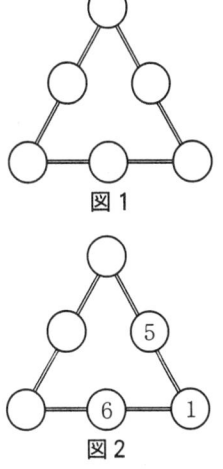

また，戦後の教科書の
　文部省編．「算数：第五学年用下」には，因数分解の応用に使われています．「右の表のあいた所へ，どんな数を書き入れると，たてにかけ合わせても，横にかけ合わせても同じ数になるか」というものです．
　第1列の数字の積が5040ですから，たて，横すべてこれに等しくすると答えは，次のようですが，実はこの積の方陣の各ワク内の数を2つの積に因数分解すると，下に示したように2つの積の方陣に分解されます．

14		20	3
4			7
18	28		10
5	2		

2. 魔法陣

14	6	20	3
4	15	12	7
18	28	1	10
5	2	21	24

分解 ⇩ ⇧ 合成

2	1	4	3
4	3	2	1
3	4	1	2
1	2	3	4

7	6	5	1
1	5	6	7
6	7	1	5
5	1	7	6

すなわち，左は数字 1, 2, 3, 4 を，また右は数字 1, 5, 6, 7 を用いた 4 次の 2 つの積の方陣に因数分解されます．逆に言えば問題の方陣はこの 2 つを合成したものです．

そして，分解された方陣はそれぞれの行や列に数字（一般には文字・物でもよい）が重複しないように配列されています．このような方陣をラテン方陣と云います．今回の問題もラテン方陣になっていることが分ります．

◀ 解 答 ▶

左から右下への斜めの 3 数の積は $3j$ だから，列について

$$fh = 3di = egj = 3j$$

よって，

$$(fh) \times (3di) \times (egj) = (3j)^3$$
$$\therefore (eh) \times (3di) \times (3fg) = 81j^2$$
$$(eh) \times 3j \times 3j = 81j^2$$
$$\therefore eh = 9$$
$$\therefore (e, h) = (1, 9), (3, 3), (9, 1)$$

$(e, h) = (1, 9)$ のとき，

$$3eh = de = d = 27$$

$3di = 3eh$ より

$3di = 27$

$(e, h) = (9, 1)$ のとき，

$i = \dfrac{1}{3}$（不適）

$3eh = fh = f = 27$

1	9	3
9	3	1
3	1	9

$3eh = 3fg$ より

$3fg = 27$

$g = \dfrac{1}{3}$（不適）

$(e, h) = (3, 3)$ のとき，$3eh = 27$．

$d = f = j = 9,\ g = i = 1$ （適す）

∴ $d = 9,\ e = 3,\ f = 9,\ g = 1,\ h = 3,\ i = 1,\ j = 9$ 【答】

(iii) ラテン方阵

■試問 5■ 図 1 のようなマス目を考える．図 2 のように，どの行（横の並び）にもどの列（縦の並び）にも同じ数が現れないように 1 から 4 までの自然数を入れる入れ方の場合の数 K を求めたい．

(1) 図 3 のように第 1 行と第 1 列が指定されているとする．この場合，上に述べたような 1 から 4 までの自然数をマス目に入れる入れ方の場合の数 K_1 を求めよ．

(2) 図 4 のように第 1 行が指定されているとする．この場合，上に述べたように 1 から 4 までの自然数をマス目に入れる入れ方の場合の数 K_2 を求めよ．

(3) K を求めよ．

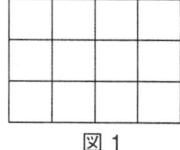
図 1

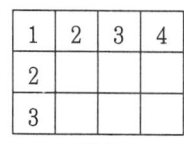
図 2

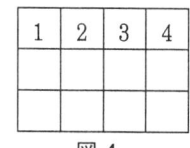
図 3

図 4

埼玉大．（理・工）．

ヒント　異なる 4 個のもの（この問題は 1 から 4 までの数字）をどの行にもどの列にも重複しないように配置した方阵を 4 次の**ラテン方陣**と云います．

2. 魔法陣

　問題には第4行目がありませんが，しかし4次のラテン方陣と同じものです．なぜなら，第3行目までわかれば第4行目には各列で上にない数を当てれば自動的にラテン方陣となるからです．例えば，図2では第4行目を3,2,4,1とすればよいわけです．

　だからこの問題は**4次のラテン方陣の個数**を求める問題となります．

　さて，ラテン方陣で第1行目が左から順に1,2,3,4が並び，かつ第1列目が上から順に1,2,3,4を並べたものを4次のラテン方陣の**標準型**と云います．(1)はこの個数を求めるものです．そして，(2)は第1行目を固定して列が変わるとき(1)を利用してその場合の数を求めるもの，(3)は行も変わるとき(2)を利用して全体の個数を求めるように解法が誘導されています．従って順々に求めて行けば問題は解決するようになっています．

　一般に，n 次のラテン方陣の個数は，その標準型の数を I_n とするとき

$$n!(n-1)!I_n$$

であることが知られています．また，

$$I_1 = I_2 = I_3 = 1, \quad I_4 = 4, \quad I_5 = 56, \quad I_6 = 9408, \quad I_7 = 16942080,$$

など I_9 まで求められていますが n が大きくなるにつれて標準型の数は驚くほど膨大な数となりその検討のつけようもありません．

　この公式をみれば問題の(1)，(2)，(3)は公式のどの個所を求めたものかも確かめられるでしょう．

余談 1779年にオイラー（スイス：1707-1783）は次の問題を提出しました．

　"6つの連隊A,B,C,D,E,F から6つの階級a,b,c,d,e,fの士官を1人ずつ出して合計 36 人を6行6列に並べるとき，各行各列に連隊と階級がすべて現れるようにせよ．"

　例えば，3次の場合で考えると次のような2つのラテン方陣を重ねてつくれます．

オイラー

A	B	C
B	C	A
C	A	B

a	b	c
c	a	b
b	c	a

とするとき，2つを重ねて

A a	B b	C c
B c	C a	A b
C b	A c	B a

と合成すれば確かに条件を満たします．これを**3次のオイラー方陣**と云います．一般にn行n列のときn次のオイラー方陣と云います．したがって，オイラーの問題は6次のオイラー方陣ということになります．どうしてオイラーは6次を選んで問題としたのか不思議ですが，ともかく多くの人達が挑戦し，凡そ120後の1900年頃になってやっとそれは不可能であることが分かりました．その証明方法はすべての配列を調べるという驚くほど手間のかかる方法によるものです．最近になって，一般に**2次と6次以外のオイラー方陣はすべてつくることが可能である**ことが分かりました．2次のとき不可能であることは明らかですが，それ以外に6次だけが不可能と云うのは何とも不自然で不思議なことに思えます．

　オイラー方陣は2つの同次のラテン方陣を重ね(合成し)て作ることができ，逆の操作をすれば2つのラテン方陣に分解することが可能なことは前述しました．この性質はいろいろと利用することができます．4次のオイラー方陣を利用して**カード方陣**をつくってみよう．

　"トランプのカードの中から，ダイヤ，クラブ，ハート，スペードのA（エース），J（ジャック），Q（クイーン），K（キング）の合計16枚のカードを取り出し，4×4（4行4列）型に並べる．このとき，各行各列および対角線に4種のカードとカードの異なる4つの数が1つずつ含まれるようにせよ．"

　いま，次の4次のオイラー方陣を利用します．

A a	B b	C c	D d
C d	D c	A b	B a
D b	C a	B d	A c
B c	A d	D a	C b

　　　分解⇩　　　⇧合成

2. 魔法陣

A	B	C	D
C	D	A	B
D	C	B	A
B	A	D	C

連隊

a	b	c	d
d	c	b	a
b	a	d	c
c	d	a	b

階級（士官）

となります．すると，

連隊を示す A,B,C,D にそれぞれ
A → ダイヤ，　　B → クラブ，
C → ハート，　　D → スペード
階級を示す a,b,c,d にそれぞれ
a → エース，　　b → ジャック，
c → クイーン，　d → キング

のように置き換えると右のようなカード方陣が完成します．

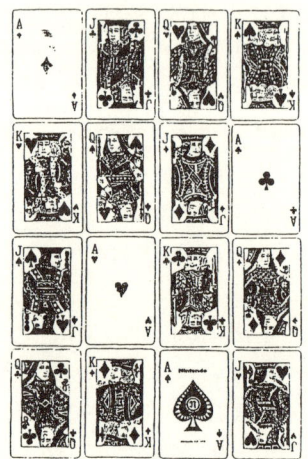

カード方陣（オイラー方陣）

◀解 答▶

(1) 4次のラテン方陣の標準型の数を求めるもので，次の4通りです．

1	2	3	4
2	1	4	3
3	4	1	2

1	2	3	4
2	1	4	3
3	4	2	1

1	2	3	4
2	3	4	1
3	4	1	2

1	2	3	4
2	4	1	3
3	1	4	2

∴ $K_1 = 4$ 【答】

(2) 次の図で①にくる数は，$(4-1)! = 6$ 通りである．

1	2	3	4
①		②	

その1つに対して②にくる場合の数は K_1 であるから，

$$K_2 = (4-1)! \times K_1 = 24 \qquad 【答】$$

(3) 第1行目にくる数の場合の数は，

4!通りである．その1つに対して第2，3行目にくる数はK_2通りであるから，

$$K = 4! \times K_2 = 24 \times 24 = 576 \qquad 【答】$$

(ⅳ) 六星陣

▎試問6▎ 図の○には自然数 1，2，3，……，12 が1個所に1つずつ入っていて，各直線上の数の和がすべて等しいという．このとき，

(1) 各直線上の4つの数の和は □アイ□ である．
(2) 8，9，10，11，12 の位置は図の通りとすれば，

$a = $ □ウ□ ，$b = $ □エ□ ，
$c = $ □オ□ ，$d = $ □カ□ ，
$e = $ □キ□ ，$f = $ □ク□ ，
$g = $ □ケ□ である．

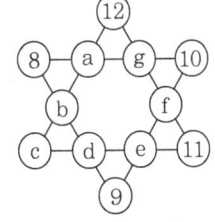

青山学院大．（理工）．

（ヒント） この問題のように数を星形に並べて一直線上に並んだ数の和がすべて等しくなるようにしたものを**星陣**と云います．この場合は六つの頂点をもつ星陣ですから**六星陣**と呼びます．

（1）は各直線上にくる数の和（マジック数）を求めるものです．（2）は空白部分の数を求めて六星陣の完成を目指すものですが12の数のうち5個の数の位置が指定され解はただ1通りとなります．

連立方程式の問題として代数的にとけばさして困難なく解けるでしょう．

ところで，別の観点から考えることも可能です．六星陣をよく見ると**2つの正三角形を1つを逆にして重ねた形**をしています．しかもその6個の頂点の内の5個の頂点の数が決まっています．ここで，よく考えてみると2つの正三角形のそれぞれの頂点にくる数の和は等しくなりますから残り1つの頂点の数はすぐに求まります．したがって，（1）のマジック数が分かれば各一直線上の残り2個の数は勘を働かせて案外簡単に解けるかもしれません．もちろん，ここで連立方程式を使用しても簡単に解けます．

2. 魔法陣

余談 星形の最小のものは五角形ですが星形五角形はピタゴラス学派のシンボルとして，また星形六角形もソロモンの記章や**ダビデの星**としてよく知られており，その形の星陣についても色々な研究がなされてきました。

例えば，図1は五星陣ですが，よく見ると1から10までの連続した整数ではなく，7の代わりに12が用いられています。このように**五星陣は連続した1から10までの整数では作れない**ことが分かっています。

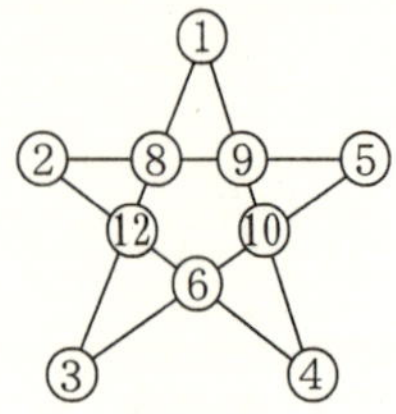

また，**六星陣は1から12までの整数を用いて全部で80種類**が作られることが知られています。そして，図2．の六星陣を解くと，6つの頂点にくる数の和も一直線上にある4つの数の和と等しくなりますが，このような特殊なものは80種類中12種あることも分かっています。

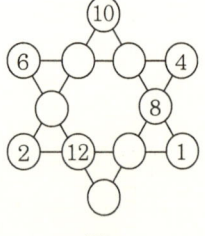

図1

図2．の六星陣を解き6つの頂点の数の和がマジック数となっていることを確かめて下さい。

方陣や星陣は直線上に並ぶ整数の和が等しくなるものが主ですから，必要な演算は加法と減法で，同じ線上に並ぶ数の組み合わせを推論する等式問題となり，中学・高校の入試にも出題されています。次の（私立）中学の入試問題を算数で解いてみよう。

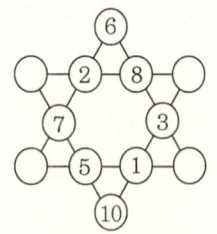

図2

問題： 右の図は1から12までの整数を，それぞれ1度だけ使って，六角形の星形に並べ，一直線に並んだ4つの数の和がすべて等しくなるようにしたものです。残りの○の中に適当な整数を書き入れなさい。

注目するのは，
1．残りの4つの数は4, 9, 11, 12
2．○を除くと菱形の辺上に各辺3個の数が並んでいることです。そこで，2．および3．の隣り合う2辺の数を調べると，

$$6+2+7+ウ=ア+7+5+10 \quad \cdots\cdots ①$$
$$6+8+3+エ=イ+3+1+10 \quad \cdots\cdots ②$$

となり

①より，$15+ウ=ア+22$

$ウ-ア=7$

1．の4つの整数で差が7となる2数は11と4これから，$ウ=11$，$ア=4$

②より，$17+エ=イ+14$

$イ-エ=3$

1．の4つの整数で差が3となる2数は12と9これから，$イ=12$，$エ=9$
であることが分かります．

これまで，正方陣や星陣について述べてきましたが，宗の楊輝の『楊輝算法』には方陣の他に同心円を描き，その個数と同数の直径を引いて，その交点に連続する整数を置いて同一円周上の数の和や直径上の数の和がすべて等しくなる円陣があります．右の図は楊輝の書にある1つの円陣を和算家の磯村吉徳が『算法闕疑抄』で変形したものです．円陣も当時の和算家の間ではよく知られ易しいものとされました．

『算法闕疑抄』磯村吉徳著（1661）
マジック数141（1から33まで）

◀解 答▶

（1）六星陣は2つの正三角形をそれぞれ逆にして重ねた形をしているから，6個の線分からなり，各線分上の4個の数をすべて加えると各数は2回加えられるから各直線の4つの数の和は，

$$(1+2+\cdots+12) \times 2 \times \frac{1}{6} = 26 \quad \text{【答】}$$

である．

（2）一直線上の $12, g, f, 11$ の和から，

$$12+g+f+11=26$$

$$\therefore\ g+f=3$$

よって，$(g, f) = (2, 1),\ (1, 2)$

$(g, f) = (2, 1)$ のとき

$$8+a+2+10=26, \quad \therefore\ a=6$$
$$10+1+e+9=26, \quad \therefore\ e=6$$

したがって，$a=e$ より条件に反する．

$(g, f) = (1, 2)$ のとき，

$$8+a+1+10=26, \quad \therefore\ a=7$$
$$10+2+e+9=26, \quad \therefore\ e=5$$
$$8+b+d+9=26 \quad \cdots\cdots ①$$
$$12+7+b+c=26 \quad \cdots\cdots ②$$
$$c+d+5+11=26 \quad \cdots\cdots ③$$

① + ② + ③ から，

$$2(b+c+d)=26$$
$$\therefore\ b+c+d=13 \quad \cdots\cdots ④$$

①，④ より　　$c=4$，
②，④ より　　$d=6$，
③，④ より　　$b=3$，

以上より，

　　　$a=7$，$b=3$，$c=4$，$d=6$，$e=5$，$f=2$，$g=1$，　　　　　　[答]

3. 一筆書き

（ i ） 「め」の字と一筆書き

■ 試問7 ■　次の空白を埋めて文章を完成せよ．

「め」という字は2筆で書くのが普通であるが，1筆で書くことは可能であろうか．一般に1筆で書ける字には，次の性質がある．

(1) 書き始めであって書き終りでない点からは，□本の線が出ている．

(2) 書き始めでなくて書き終りである点からは，□本の線が出ている．

(3) 書き始めであると同時に書き終りである点からは，□本の線が出ている．

(4) 書き始めでなく書き終りでもなく，ただ通過するだけの点からは，□本の線が出ている．以上のことから，次の事実がわかる．

(5) □本の線が出ている点は，書き始めの点であるか，または書き終りの点でなければならない．ところが「め」の字には，□本の線が出ている点が□個ある．したがってこれを1筆で書くことは□である．

京都府大．（文）．

(ヒント)　小学生の頃に書道や社会の時間に文字や地図に薄い紙をあて透いて見える線を筆や鉛筆で上から**なぞった**ことはありませんか？

一筆書きは，このような線で出来た文字や図形をなぞることが関係しています．すなわち，ある文字または図形が**一筆書き**が可能とは，なぞり始めはどこでもよいとして，筆や鉛筆の先を紙面から離さないですべての線を1回だけでなぞり切ることができることを云います．したがって，この問題では「め」の字のどこかの部分に鉛筆を入れなぞり始めるとき鉛筆の先を紙から離さずにすべての線を1回でなぞり切ることが可能か？　ということになります．

一筆書きでのなぞり始めの点は端点か線と線の交点で，「め」の字の場合には以下の図で端点が①，②，③，⑦で，線と線との交点が④，⑤，⑥ですからこれらの点からなぞってみれば，「め」が一筆書きが可能かどうかはすぐ結論が得られるでしょう．

3. 一筆書き

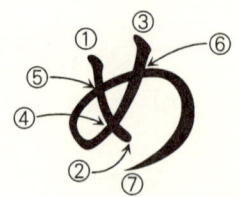

　問題は一筆書きが可能かどうかを**判別する条件を決定**することです．その手掛りを得るには，「め」の字での結果をもとにしながら，問題文の（1）〜（4）を順々に論理的に考えていくより方法がないようです．たとえば，「め」とちがった結論を得る文字を用いて考えるのも有効でしょう．

　文字の一筆書きの問題を考えるとき，**書体には正書（楷書），行書，草書**などがありますが，これらは順次書体を崩してゆき，崩すとき続けて書いて筆数を減らし簡単で早く書ける（一筆化に近付ける）ようにするため，**同じ字でもどの書体で書かれているかによって一筆書きの判定も曖昧になります．**

　余談　一筆書きの問題は，パズルの本には必ずと云ってよいほど載っています．そして，「ケーニヒスベルクの橋渡りの問題」とオイラーの解法およびこの問題の数学的な意義について触れられています．ここでも，同じパターンとなりますが説明してみましょう．

　ことの発端は，18世紀の頃，当時東プロシアに属したケーニヒスベルク（現在は，ロシア領カリーニングラード）と云う町でのことです．この町は，下図のようにプレーゲル川によってクナイホーフと呼ばれる島を含む4つの地区に分割され，これらの地区を結ぶ7つの橋が掛かっていました．人々の間でこれら7つの橋すべてをちょうど1回ずつ渡るような順路は存在するか？と云うことが話題となり，人々は実際に試したりしてその問題に挑戦しましたが解決できませんでした．

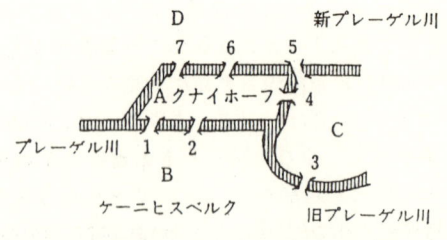

ケーニヒスベルグ・クナイホーフ

　問題を解決したのは，オイラー方陣を作ったレオンハルト・オイラー（スイス：1707-1783）でした．オイ

ラーは1736年にペテルスブルグ・アカデミーへ提出した論文の中で，"古代からの幾何学と違い，図形の大きさなどは無視して，図形各部について相互の位置の性質だけを研究する，ライプニッツが《位置の幾何学》と名付けた内容に関する問題を偶然聞いたので，その一例としてこの問題の解法を述べる，"と説明しています．すなわち，オイラーは上の地図を極端に単純化して川で区切った4つの地域をA（クナイホーフ），B，C，Dと点で表し，また，7つの橋を1〜7の線で表して，右の図のように画き改めています．

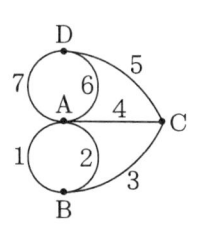

そして，オイラーは問題が"この図形が一筆書きできるか？"と云うことと同じと考え，一般に図形の一筆書きができるための必要十分条件を求め，その結果からこの橋渡りは不可能だと云うことを示しました．このオイラーの判定条件は，今回の問題の解と全く同内容となっています．

オイラーが示した，前の地図で4つの地区の面積を無視して点とし，橋の長さを無視して線で表して，点や線の位置関係（順序）だけを考える《位置の幾何学》は**トポロジー**と呼ばれ，また，点と線で結ばれる図形を**グラフ**と云います．オイラーの解法はトポロジーや**グラフ理論**の先鞭をつけたと云われています．

ところで，我が国でも同種の問題が江戸末期に，川や堀に囲まれた大阪の町に住む和算家が取り上げています．例えば，武田真元の著『真元算法』(1844) などにも，「浪華28橋知慧渡り」と題して，"いま，右図のような28の橋がある．どれかの橋から渡り始めて，同じ橋を2度渡らなければ，順路はどのようでもよい．元の橋詰めへ戻ってくるよう工夫せよ，"と云う内容が示されています．

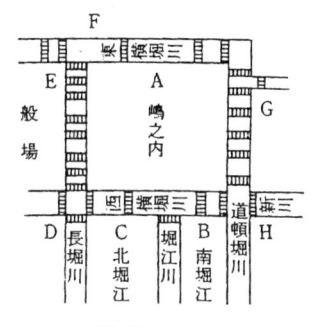

浪華28橋

そして，続いて，"この渡り方は別に解答書がなくとも浪華の地理をよく考え渡れば，自然と渡ることができるから解法は示さない，"と記されています．

上記の地図は，当時の浪華の実際の様子を表しているものですが，和算家達は浪華の地勢にこだわり過ぎたためか，一般の一筆書きへの問題には発展せず，

3. 一筆書き

また，橋の数も多過ぎて実際に解が示されていないことからも本当は解けていなかったのではないかと思われます．右の位相図のようになり明らかに一筆書きはできません．

最後に，まとめと演習として文字と橋渡りについて次の2問を上げておきます．

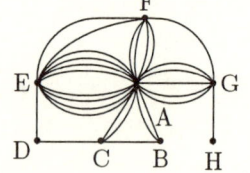

問題1. 下の50音表によって一筆書きできる文字をすべて上げよ．

ん	わゐうゑを	らりるれろ	やいゆえよ	まみむめも	はひふへほ	なにぬねの	たちつてと	さしすせそ	かきくけこ	あいうえお

問題2. 次の図はパリ市内のセーヌ川にある中之島で帆かけ船の形をしたシテ島とサンルイ島（西端）の一部を含む"絵はがき"です．この絵はがきにある11の橋のすべてをノートルダム寺院から出発して，どの橋も一度だけ渡ってノートルダム寺院に戻ることができるか？

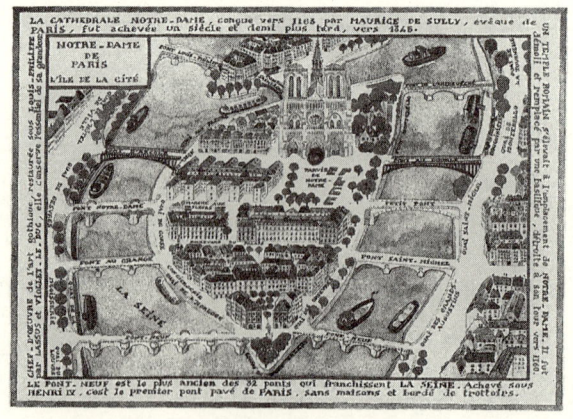

シテ島に通じる11橋

フランスでは"すべての道はノートルダムへ"と云われ各地への道の距離の起点となっています．絵はがきのシテ島にはノートルダム寺院，市民病院，商工裁判所，コンシェルジュリ（囚人収容所跡），最高裁判所，ドヒィヌ広場などが描かれていますが，コンシェルジュリの牢獄には革命時にはマリー・アントワネット，ロベスピェール，ダントンなどが最後の一夜を過ごし，ここからコンコルド広場の処刑場へ護送されました．

◀解 答▶

（1）書き始めの点からは1本の線が出て行き，その後また線がその点に入るとき，書き終わり点ではないから再び出て行くため，その点を通過して増加する線は2本ずつとなります．従って，このとき書き初めの点からは**奇数本**の線が出ています．

（2）書き始めでなくて書き終わりである点も（1）と同じように，通過して行くときは，入ってくる線と出て行く線があるから，そのとき増加する線は2本ずつとなり最後に1本の線が入って終わりとなります．従って，終わりの点からは**奇数本の線**が出ています．

（3）書き始めと同時に書き終わりである点は（1）かつ（2）ですから偶数本の線が出ています．

（4）ただ通過するだけの点は通過ごとに入る線と出る線の2本が組となり増加しますからその点から出る線は**偶数本**となります．

（5）**奇数本の線**が出ている点は，書き始めの点か書き終わりの点です．「め」の字は奇数本出ている点が4個ですから一筆書きは**不可能**となります．

以上より，

（1）奇数，（2）奇数，（3）偶数，（4）偶数，（5）奇数，奇数，4，不可能

【答】

（ⅱ） 図形の一筆書き

試問8　図1および図2について次の問いに答えよ．

(1) 図1について A，B，C，D，Eの5点のうち一筆で作図するときの出発点としてふさわしいものを全て選び，記号で答えよ．

(2) (1)で選んだ出発点から一筆で書くことができる方法は全部で何通りあるか，それぞれの点について答えよ．

(3) 図2について，点Pを出発点として一筆で書く方法は何通りあるか．ただし，右回り，左回りを区別するものとする．

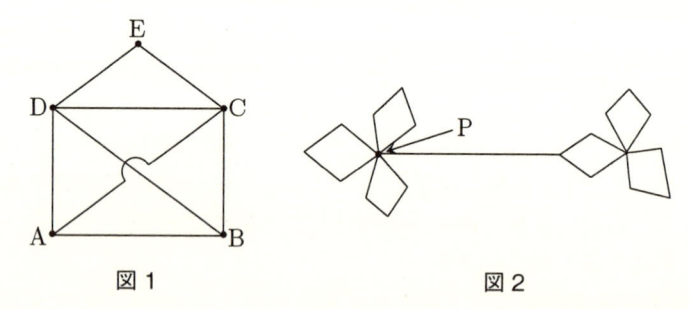

図1　　　　　　　　図2

麻布大．（獣医）．

前問で，オイラーが橋の渡り方と云う経路の問題を一筆書きをモデルとして解決したことを述べました．オイラーは，ある図形が**一筆書きができるための必要十分条件は**，

奇点が0個または2個である

ことを示しました．ここで，**奇点**とは，その図形で端点や交点などの線の端や線が交差，接触する点で，その点から出ている線の数が奇数本の点のことを云います．もし，偶数ならばその点を**偶点**と云います．この条件から一筆書きの可能性は奇点の数によって判定することができます．

問題の図は，ともに奇点の個数が2個ですから一筆書きが可能です．鉛筆でなぞって存在を確かめてみて下さい．

一筆書きの問題は判定条件が分かり単に奇点の個数を調べれば，直ちに可能どうかが分かりますから実際にその線をなぞって試す楽しみが減って，可能なときは書き方が何通りあるかという場合の数を求める問題へと変わりました．

そして，一筆書きは新しい数学の「**トポロジー**」や「**グラフ理論**」の誕生へと発展しました．この問題も線の長さや形，また角の大きさなどは考えないで点と線の結合順序だけに注目して，次のように図を描き変えるのがヒントです．

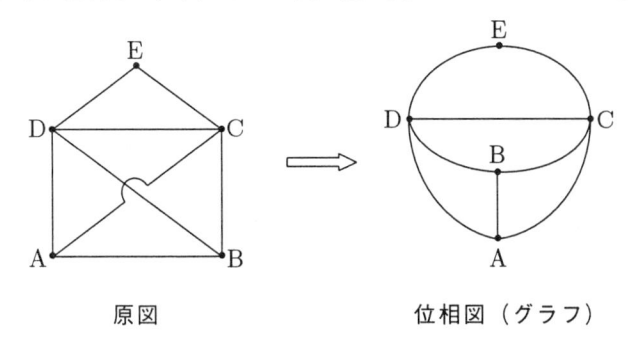

原図　⇒　位相図（グラフ）

余談

1．前問で触れた「ケーニヒスベルクの橋渡りの問題」で，7つの橋をすべてちょうど1回ずつ渡るような順路(右の図参照)はありませんでした．

しかし，4つの地区の間のどれか2つの地区を結ぶ橋を1つ掛ければ必ず問題の橋渡りが可能となります．

理由は，どの2つの地区を橋で結んでも4つの奇点が2つだけの奇点に変わるからです．

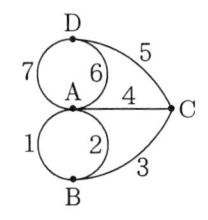

そして，橋の掛け方は4地区から橋で結ぶ2地区の組み合わせにより，

$$_4C_2 = \frac{4}{2!2!} = 6 \text{（通り）}$$

あります．

2．「浪華28橋知慧渡り」の問題(29ページ)も"浪華の地理（右の図参照）をよく考えて渡れば，自然と渡ることが出来る．"と記してありますが実は不可能でした．また，この地理では何処か2地区を結ぶ橋をもう1つ増して29橋にしても目的の橋渡り（一筆書き）は無理のようです．

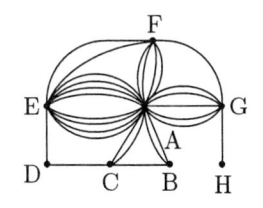

3. 一筆書き

　そこで，隣合ったBとHの地区に橋がないので何処かの橋を1つこの地区間に移転して隣合ったどの2地区間にも少なくとも1つは橋があり，かつ，目的の橋渡りが出来るようにする方法（例えば，EとFの間の1つを移転すると，右図のようになります．）を考えれば全部で4通りになります．

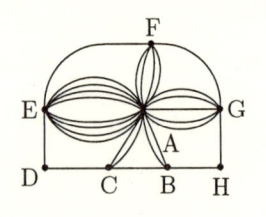

◀解　答▶

（1）奇点を調べるとAとBの2個である．したがって，一筆書きは可能である．また，2個の奇点のうち，一方を出発点とすると他方が到達点となる．
　ゆえに，出発点としてふさわしい点はAまたはBである．　　【答】

（2）図1を点と線の順に注意して図3のように描き変える．

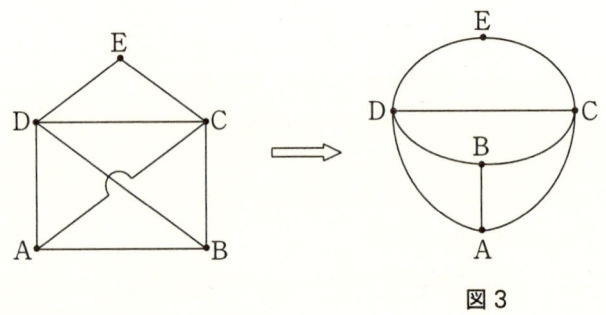

図3

Aが出発点の場合
（ⅰ）筆をA→B→Cと進めるとき
　次の図でCから出発してBに到達すればよいから，その方法は，
$$3 \times 2 = 6 \text{（通り）}$$

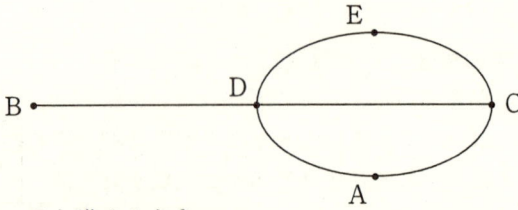

（ⅱ）　筆をA→Cと進めるとき
　①（A→C）→BならばBから出発してBへ戻ることになるから，その方法は，

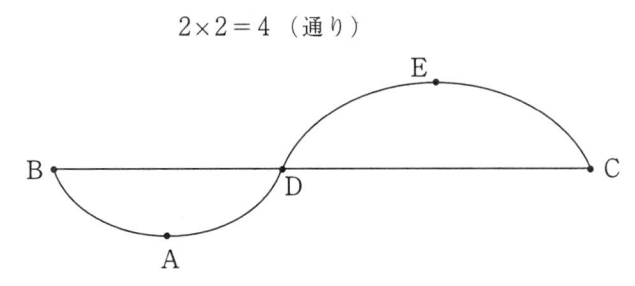

$$2 \times 2 = 4 \text{ (通り)}$$

② 筆を（A→C）→Dならば，続いてDから出発してBに到達すればよいから，その方法は，

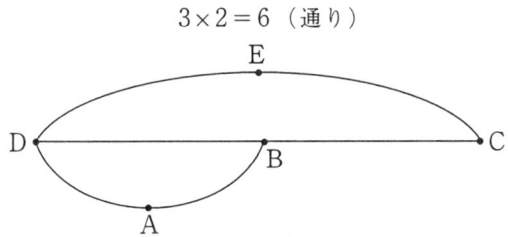

$$3 \times 2 = 6 \text{ (通り)}$$

③ 筆を（A→C）→E→Dならば上と同様に，続いてDを出発してBへ戻ればよいから，その方法は，

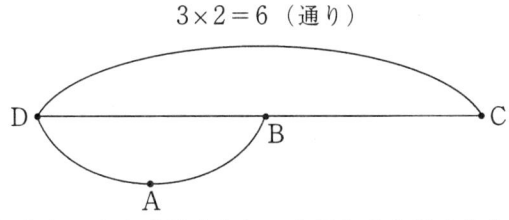

$$3 \times 2 = 6 \text{ (通り)}$$

（ⅰ），（ⅱ）から，Aを出発点として右回りCを通る場合の数は，

$$6 + 4 + 6 + 6 = 22 \text{ (通り)}$$

であるが，また，図3においてCとDは対称な位置関係にあるから，Aを出発して左回りにDを通る場合も同様に22通りである．

ゆえに，Aを出発点とする書き方は全部で$22 \times 2 =$ **44**（通り）である．

Bを出発点とする場合

図3でAとBを入れ替えても同じであるから，同様に **44**（通り）　　　**[答]**

(3) 次の図4において，点Pを出発点とし左側の3個の四角形を一筆書きして右側の点Qへ移ることになる．

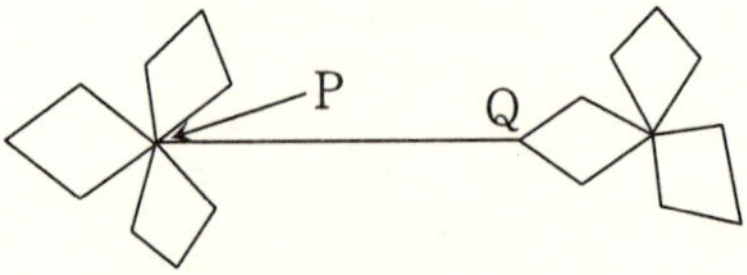

3. 一筆書き

図4

先ず，左側の3個の四角形の一筆書きの方法は，
$$3!\times 2^3=6\times 8=48 \text{（通り）}$$
次に，右に移り右側の3個の四角形の一筆書きの方法は，
$$2\times 2!\times 2^2=2\times 2\times 4=16 \text{（通り）}$$
ゆえに，求める一筆書きの方法は，
$$48\times 16=\mathbf{768} \text{（通り）} \qquad\qquad \text{［答］}$$

4. 三家族の親子の川渡り

試問9 親 L とその子 l，親 M とその子 m，親 N とその子 n が，川を渡ることになった．6人はみなボートをこぐことができるが，定員2名のボートが1そうしかない．また，川の両岸でも，ボートの中でも，次の条件を満たすものとする．

(条件):「どの子どもも，他の親と一緒のときには，それぞれ，自分の親と一緒にいなければならない．」

上の条件のもとで下の ①～⑥ の順序で全員川をボートに乗って渡り終わった．次の ☐ に L, l, M, m, N, n のいずれか2名，( ) に L, l, M, m, N, n のうちいずれか1名を記入せよ．

① ☐ がこぎ渡り，次いで L がこぎ戻った．
② 次に，☐ がこぎ渡り，次いで n がこぎ戻った．
③ 次に，☐ がこぎ渡り，M と ( ) がこぎ戻った．
④ 次に，☐ がこぎ渡り，( ) がこぎ戻った．
⑤ 次に，☐ がこぎ渡り，N がこぎ戻った．
⑥ 最後に ☐ がこぎ渡った．

山形大．(理科系)．

この問題は，「**川渡りの問題**」と呼ばれ古くから知られているものです．記録に残る最古の問題は，8世紀のイギリスの神学者，教育者であった**アルクィン** (Alcuin, 730?-804) 著の『青年の精神を敏捷にする問題集』にある，「**狼と山羊とキャベツを伴う旅人の川渡り**」(余談参照) と云われています．その後，各国に写本や翻訳され伝えられる間に色々に変形されました．13世紀のドイツの写本では「**3人の焼きもち亭主夫婦の川渡り**」となり，次のように変形されています．

"3人の焼きもち亭主がそれぞれ妻君を同伴して川を渡ることになった．6人はみな舟を漕ぐことができるが，定員2名の舟が一艘しかない．トラブルが起こらないようにどの妻君も，他の男性と一緒にいるときには，それぞれ，自分の亭主と一緒にい

4. 三家族の親子の川渡り

るように川を渡るにはどのように渡ればよいか？"

　これから，上の入試問題はこの**「3人の焼きもち亭主夫婦の問題」**の変形とみることができます．すなわち，焼きもち亭主が意地悪の親に変えられていると考えればよい訳です．自分の子には何もしないが，よその子にはその子の親が居なければ意地悪をする親達と考えることができます．

　問題は3つの状態，すなわち，たどり着いた最初の岸，ボートの中，向こう岸の状態に分かれます．そこで，条件に注意して下のような**状態の流れ図**を書いて見れば考え易いかも知れません．

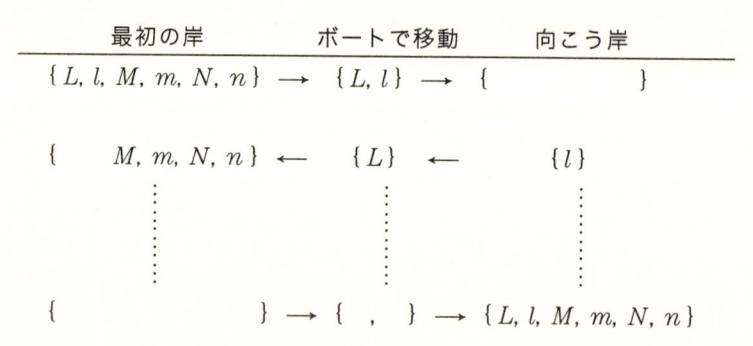

最初の岸	ボートで移動	向こう岸
$\{L, l, M, m, N, n\}$ →	$\{L, l\}$ →	$\{\qquad\}$
$\{\ M, m, N, n\}$ ←	$\{L\}$ ←	$\{l\}$
⋮		
$\{\qquad\}$ →	$\{\ ,\ \}$ →	$\{L, l, M, m, N, n\}$

余談

1.「アルクィンの問題」は

　　"1匹の狼と1匹の山羊と1個のキャベツを旅人が舟に積んで川を渡るとき，旅人は1回の渡しに1つのものしか積むことはできない．山羊がキャベツを食べないように，狼が山羊を食べないようにするには，それらをどのように運べばよいか？"

と云うものです．これには2通りの解がありますが，その1つの解を流れ図をかいて解くと次のようになります．

　旅人を T，狼を W，山羊を G，キャベツを C で表すと，安全な組合わせは：
(1)　　T が含まれているとき，条件はない．
(2)　　T が含まれていないとき，
$$\{W\},\ \{G\},\ \{C\},\ \{W, C\}$$
の全部で5通りですから，

	最初の岸		舟で移動		向こう岸
①	$\{T, W, G, C\}$	→	$\{T, G\}$	→	$\{\qquad\}$
	$\{W, C\}$	←	$\{T\}$	←	$\{G\}$
②	$\{W\}$	→	$\{T, C\}$	→	$\{G\}$
	$\{W\}$	←	$\{T, G\}$	←	$\{C\}$
③	$\{G\}$	→	$\{T, W\}$	→	$\{W, C\}$
	$\{G\}$	←	$\{T\}$	←	$\{W, C\}$
④	$\{\ \}$	→	$\{T, G\}$	→	$\{T, W, G, C\}$

これから，言葉に直せば，
① 山羊を運び，旅人1人戻る．
② キャベツを運び，山羊を積んで戻る．
③ 狼を運び，旅人1人戻る．
④ 最後に，山羊を運ぶ．
ということになります．運び方を変えて別解を求めてみて下さい．

アルクィンは，カールⅠ世から厚い信頼を得て，宮廷学校を管理・指導し西ヨーロッパ文化の中心へと発展させました．トゥールのサンタ・マルタン修道院で没す．

　　（右）アルクィン　（左）カールⅠ世

2．「3人の焼きもちの亭主夫婦の問題」は16世紀のイタリアの**タルタリア**（Tartaglia, 1500?-1557）も知っていて，4人の夫婦の場合への拡張を試みています．いまでは，定員2名の舟が1艘では3組の夫婦まで可能で4組以上の

4．三家族の親子の川渡り

場合は不可能であることが分かっています．ただし，川の中に島があり，これが必要に応じて利用できるときは4組でも可能ということも分かっています．

その他，変わった形では「**宣教師と人食い人種の川渡り問題**」もあります．

"3人の宣教師と3人の人食い人種が定員2名の一艘の舟で川を渡ることになった．ところが，どんなときでも宣教師より人食い人種の人数が多いと宣教師は食べられてしまいます．宣教師が安全に川を渡るにはどうすればよいか？"でありこれもよく知られています．

タルタリア

3人の宣教師も3人の人食い人種も個々の区別は要しないから宣教師を3個のA，人食い人種を3個のBとすると，AとBが共に存在するときはBはAと同数かAより少ない，$B \leq A$を満たしていないと宣教師は食べられてしまいます．これから，安全な組み合わせは，

（1） Bが含まれないとき，

$$\{A\}, \{A, A\}, \{A, A, A\}$$

（2） Bがふくまれるとき，

$$\{A, B\}, \{A, A, B\}, \{A, A, A, B\}, \{A, A, B, B\},$$
$$\{A, A, A, B, B\}, \{A, A, A, B, B, B\}$$

の合計9通りあります．これから，

	最初の岸		船で移動		向こう岸
①	$\{A, A, A, B\}$	→	$\{B, B\}$	→	$\{\qquad\}$
	$\{A, A, A, B\}$	←	$\{B\}$	←	$\{B\}$
②	$\{A, A, A\}$	→	$\{B, B\}$	→	$\{B\}$
	$\{A, A, A\}$	←	$\{B\}$	←	$\{B, B\}$
③	$\{A, B\}$	→	$\{A, A\}$	→	$\{B, B\}$
	$\{A, B\}$	←	$\{A, B\}$	←	$\{A, B\}$
④	$\{B, B\}$	→	$\{A, A\}$	→	$\{A, B\}$
	$\{B, B\}$	←	$\{B\}$	←	$\{A, A, A\}$
⑤	$\{B\}$	→	$\{B, B\}$	→	$\{A, A, A\}$

⑥ $\{\quad\} \to \{B, B\} \to \{A, A, A, B, B\}$
　　$\{B\} \leftarrow \{B\} \leftarrow \{A, A, A, B\}$

　この結果から，舟は5往復して6往復目の往路で全員が無事に渡ることができます．したがって舟の使用回数は11回です．

3． 我が国にも，元禄期の『男重宝記』の中に中国から伝わったもので，次のような「虎の子渡し」の問題として，

　"天竺（印度）に3匹の子をもつ母虎がおり，子虎の1匹は凶暴で母虎がいないと他の子虎を食い殺す危険がある．この母虎が3匹の子虎を連れて川を渡ろうとしている．川を渡るには母虎は子虎を1匹ずつくわえて泳いで渡らなければならない．全ての子虎を無事に向こう岸に運ぶには母虎はどうすればよいか"があり，アルクィンの問題で山羊に凶暴な虎を対応させれば同じ解法となります．『広辞苑』（新村出編，岩波書店．）の第二版には次のように説明されています．

　〈虎の子渡し〉

　虎が三子を生むと，一子は彪（ひょう）で他子を食うので，水を渡るときまず彪の一子を渡し，次に別の一子を渡して，また彪を渡し返しさらに残りの一子を渡し，最後に再び彪を渡したという説話に基づく．

　もちろん，彪は（斑文のある）子虎の意で豹ではありません．ここでは，説話とありますから語り伝えられている話として扱われており，母虎が三子を無事に水を渡し終える解を含めて説明されています．

　また，同所に，虎の子渡しは京都の竜安寺の石庭の異称とありますが，この方丈庭園は現在世界遺産に指定され記念切手（下図）も出ています．このように江戸時代には京都の寺院の庭園には"虎の子渡しの庭"の庭園があちこちに造られています．虎が子を連れて水を泳ぎ渡る美しい様子が想像されたのでしょうか．南禅寺の方丈庭園にある虎の子の渡し（重要文化財）は小堀遠州の作庭によるものとされていますが，竜安寺の作庭者は不明となっています．

竜安寺〈虎の子渡し〉

◀解 答▶

①, ③, ⑤で L, M, N が指定されていますから解は唯一通りきまります. いま, 条件に注意して考えると,
①より, L が1人で戻ったから最初に渡ったのは L と l となります.
②より, n がこぎ戻ったから2回目に n と渡れるのは N, m のどちらかですが, l と残れるのは m となります.

このようにして考えながらその状態を流れ図で表していくと次のようになります.

最初の岸	ボートで移動	向こう岸
$\{L, l, M, m, N, n\}$		
$\{\ \ M, m, N, n\ \ \}$	$\rightarrow\ ^*\{L, l\ \ \}\rightarrow$	$\{\ \ \ \ \ \ \ \ \ \ \}$
$\{\ \ M, m, N, n\ \ \}$	$\leftarrow\ \{L,\ \ \ \}\leftarrow$	$\{\ \ l,\ \ \ \ \ \ \ \}$
$\{L,\ \ M,\ \ \ \ N,\ \ \}$	$\rightarrow\ ^*\{m, n\}\rightarrow$	$\{\ \ l,\ \ \ \ \ \ \ \}$
$\{L,\ \ M,\ \ \ \ N,\ \ \}$	$\leftarrow\ \{\ \ n\}\leftarrow$	$\{\ \ l,\ \ m,\ \ \ \}$
$\{\ \ \ \ \ \ \ \ \ \ N, n\}$	$\rightarrow\ ^*\{L, M\}\rightarrow$	$\{\ \ l,\ \ m,\ \ \ \}$
$\{\ \ \ \ \ \ \ \ \ \ N, n\}$	$\leftarrow\ ^*\{M, m\}\leftarrow$	$\{L, l,\ \ \ \ \ \ \ \}$
$\{\ \ \ \ \ \ m,\ \ n\}$	$\rightarrow\ ^*\{M, N\}\rightarrow$	$\{L, l,\ \ \ \ \ \ \ \}$
$\{\ \ \ \ \ \ m,\ \ n\}$	$\leftarrow\ ^*\{l,\ \ \}\leftarrow$	$\{L,\ \ M,\ \ N,\ \}$
$\{\ \ \ \ \ \ \ \ \ \ \ \ n\}$	$\rightarrow\ ^*\{l, m\}\rightarrow$	$\{L,\ \ M,\ \ N,\ \}$
$\{\ \ \ \ \ \ \ \ \ \ \ \ n\}$	$\leftarrow\ \{N,\ \ \}\leftarrow$	$\{L, l, M, m\ \ \ \}$
$\{\ \ \ \ \ \ \ \ \ \ \ \ \ \}$	$\rightarrow\ ^*\{N, n\}\rightarrow$	$\{L, l, M, m,\ \ \ \}$
		$\{L, l, M, m, N, n\}$

これから, ボートで5往復して6回目に全員が対岸へ渡ることができることが分かります. 上の図から答えは,
① L, l. ② m, n. ③ $L, M.(m)$. ④ $M, N.(l)$. ⑤ l, m. ⑥ N, n
となります.

5. マンゴー問題の変形

(i) リンゴの問題

■試問10■ 下の (1) から (7) の空欄に適する数式または数値を求めよ．
太郎君，次郎君，三郎君の3兄弟が1匹の猿を飼っていました．ある日親類からリンゴが送られて来ました．

太郎君はリンゴを3人で公平に分けようとしましたが，1個余るのでそれを猿にやり残りの1/3を自分が取りました．そのことを知らなかった次郎君は，残されていたリンゴを3等分しようとしましたが，1個余るので，それを猿にやり，残りの1/3を自分が取りました．それまでのことを知らなかった三郎君は，残されていたリンゴを3分等しようとしましたが，1個余るので，それを猿にやり，残りの1/3を自分が取りました．

親類から送られて来たリンゴの数を m とすると，残されたリンゴの数は $\boxed{(1)}$ です．翌日残りを3人で n 個ずつ分けたところ2個余ったので，それを猿にやりました．リンゴの個数 m と n の関係式を求めると，$\boxed{(2)}$ になります．方程式(2)を満たす自然数 m と n の組として，たとえば $(m, n) = (\boxed{(3)}, \boxed{(4)})$ があります．これを用いて，方程式 (2) の他の解を求めるために (2) を変形すると

$$\boxed{(5)} \times (m - \boxed{(3)}) = \boxed{(6)} \times (n - \boxed{(4)})$$

となります．このことから，300以下の m に対して (2) を満たす自然数の組 (m, n) をすべてもとめると $\boxed{(7)}$ となります．

横浜市立大．（商）．

ヒント この問題は，「マンゴーの問題」と云われインドに古くからあった問題を変形したものです．マンゴーは東南アジアに産する常緑樹の果実で成熟すると黄色くなり形は長楕円形で，食すと特殊な香りがあります．

日本にも輸入されて店頭に並ぶこともありますが同じ熱帯性のバナナに比べて馴染みが薄く一般家庭での賞味は殆んどないようです．そこで，この問題ではマンゴー

5. マンゴー問題の変形

を日本に産するリンゴに変えて出題されています．
　問題の構成も面白く，手応えある難しさで良問とされいろいろと変形された問題も作られています．元の問題を示してみますと，
　"3人の人が1匹の猿を飼っていました．3人でマンゴーを買い，3人は別々に猿の所に行ってマンゴーを与えることにしました．
　最初の人はマンゴーを1個与え，1/3を自分で取って，2/3を残しておきました．
　つぎの人も残りのマンゴーのうち，1個を猿に与えて，残りの 1/3 を自分で取って残りの 2/3 を残しておきました．
　最後の人も同様であって，残りのマンゴーのうち1個を猿に与えて，残りの 1/3 を自分で取って，2/3 を残しておきました．
　さて，翌日3人が一緒に猿の所に行ったときに，残っていたマンゴーの1個を猿に与えたところ，その残りは3人で3等分することができました．マンゴーは何個あったでしょう．"
　これから，入試問題では果物の種類と最後に猿に与えた果物の個数を変えてあります．
　誘導形式ですから考え易くなっていますが少しばかり難しいと云うのは**解が不定**となることを指しています．この問題では解が確定するようにリンゴの個数の上限を 300 としてあります．m, n が整数であることに注意して挑戦してみよう．

余談

1. 12世紀中頃，インドの**バースカラⅡ世**（BhâskaraⅡ, 1114-1185？）著の数学書『リーラヴァティ』に「**物々交換の問題**」として，次のようなマンゴーとザクロを交換する問題があります．"ある市場で，1ドランマでマンゴーの実 300 個が得られ，1バナで上等なザクロの実 30 個が得られるとき，マンゴー10 個といくつのザクロが交換されるか．友よ，すぐに答えなさい"
　ここで，ドランマとバナは貨幣の単位で1ドランマは 16 バナです．
　インドの解法を現代風に書くと，求める値を * とするとき，メモとして次のように行列を書きます．

メモ：	マンゴー	ザクロ
値段	16	1
個数	300	30
交換個数	10	*

そして，値段の行を交換します．
```
       1           16
     300           30
      10            *
```
さらに，交換個数の行を交換します．
```
       1           16
     300           30
       *           10
```
ザクロの列の積 4800 とマンゴーの列の積 300×＊ は等しいから，＊ は 4800 を 300 で割って **16 個**が答えとなります．
　上の操作にどのような演算が対応したか確かめてみて下さい．

2. バースカラⅡ世の著書『リーラヴァテイ』(Lilavati) はかれの娘の名前と云われ，どうして数学書にその題名を付けたかについて，次の逸話が残っています．ある占星術師が彼女は結婚してはいけないことを告げました．娘が結婚できない運命にあることを知ったバースカラは娘の名前の本を後世に残すことで傷心の彼女を慰めようとしたと云うものです．いずれにしても女性の名前を数学の書名としたのは奇抜な発想と云うことができます．

この書の内容は多岐に渡りますが，例えば**「韻律集積等に関する方法」**として n 個のものから r 個取る組合せの規則も含まれています．ここで，韻律集積等となっているのは韻律学の他に工学，医学などを指すとしています．

そして次の説明があります．
　"1 を初項および増分（公差）とする数列を逆順に並べ，正順に並べた数列の各項で割って新しい数列を作り，前項を後項に掛け，その結果をその後項に順次掛けていくと 1，2，3 等の個数のものの組合せる場合の数となる．"
となっています．すなわち，現代の式で表現すれば，まず，数列
$$n, \ n-1, \ n-2, \ \cdots, \ 2, \ 1$$
を作り，この各項を数列
$$1, \ 2, \ \cdots, n-2, \ n-1, \ n$$
の各項で割って前から順次掛けることから，

5. マンゴー問題の変形

$$_nC_1 = \frac{n}{1}, \quad _nC_2 = \frac{n}{1} \cdot \frac{n-1}{2}, \quad \cdots\cdots$$
$$_nC_r = \frac{n}{1} \cdot \frac{n-1}{2} \cdot \cdots \cdot \frac{n-r+1}{r}$$

と云うことになります．

　順列，組み合わせの考えは現在では確率論の基礎概念ですが，日常生活の中でもこの考えは古くから重要でした．例えば，食生活一つをとっても幾つかの食材を組み合わせると味が一層増してくるときと，食い合わせると食あたりを起こすことがあります．また，一族が集まって食事をする場合に席順をどうするかや誰から口にするかなどの順も重要なことでした．インドのジャイナ教では順列・組み合わせ問題に大変関心があがあっていたと云われています．ヴェーダ時代のものとして伝えられる次のようなものがあります．

　六つの異なる味，すなわち，苦味，酸味，塩味，渋味，甘味，辛味から一度に1種，一度に2種というように取ると63通りの組み合わせが作られる．

　ジャイナ教では順列・組み合わせの問題は素朴な方法ですべての場合を漏れなく，また重複しないよう列挙する方法で考えられたようで，次のような方法で説明されています．

苦味	酸味	塩味	渋味	甘味	辛味	番号
1	1	1	1	1	1	(1)
1		1	1	1	1	(2)
1	1		1	1	1	(3)
1	1	1		1	1	(4)
1	1	1	1		1	(5)
1	1	1	1	1		(6)
	1	1	1	1	1	(7)
………………	(中略)	………………				
1						(58)
	1					(59)
		1				(60)
			1			(61)
				1		(62)
					1	(63)

現代式の方法で確かめると，

　　　　　　6種のとき　　$_6C_6 = 1$　　　　（通り）

5種のとき	$_6C_5 = 6$	（通り）
4種のとき	$_6C_4 = 15$	（通り）
3種のとき	$_6C_3 = 20$	（通り）
2種のとき	$_6C_2 = 15$	（通り）
1種のとき	$_6C_1 = 6$	（通り）

であり，合計は

$$1 + 6 + 15 + 20 + 15 + 6 = 63 \text{（通り）}$$

となります．

　インドでは史上アリアバッター（476年？），プラマグプタ（598-660？），バースカラⅡ世（1114-1185？）などの数学者も生まれましたが数学史の研究からは不明な点が多いと云われています．然し，ヨーロッパではインドから伝えられた問題は親しみ易い，機知に富んだ「良い問題」が多いと云われ中世のヨーロッパの教会などの学校では教科書に多く採用されました．

◀ 解 答 ▶

太郎君，次郎君，三郎君が取った後のリンゴの個数は順に，

$$\frac{2}{3}(m-1),\ \frac{2}{3}\left\{\frac{2}{3}(m-1)-1\right\},\ \frac{2}{3}\left[\frac{2}{3}\left\{\frac{2}{3}(m-1)-1\right\}-1\right]$$

したがって，残されたリンゴの個数は，最後の式から，$\frac{2}{27}(4m-19)$ となる．

$$\therefore\ \frac{2}{27}(4m-19) = 3n+2$$

$$\therefore\ 8m = 81n + 92 \quad \cdots\cdots\cdots\cdots\cdots ①$$

よって，

$$m = 10n + 11 + \frac{n+4}{8}$$

　m, n は正整数より，$n+4$ は 8 の倍数だから，たとえば，$n=4$ とすると $m=52$ となり $(m, n) = (52, 4)$ は①式を満たす．

$$\therefore\ 8 \times 52 = 81 \times 4 + 92 \quad \cdots\cdots\cdots ②$$

よって，①-②から，

$$8(m-52) = 81(n-4) \quad \cdots\cdots\cdots ③$$

ここで，8 と 81 は互いに素だから，$m-52 = 81k$（k は整数）と置くと

$$\therefore\ m = 81k + 52 \quad \cdots\cdots\cdots\cdots\cdots ④$$

とすると，m は 300 以下の正整数だから，
$$1 \leq 81k + 52 \leq 300 \qquad \therefore \quad k = 0, 1, 2, 3$$
④より m を求めると，順に
$$m = 52, 133, 214, 295$$
①より，順に
$$n = 4, 12, 20, 28$$
以上から，
(1) $\dfrac{2}{27}(4m - 19)$．(2) $8m - 81n = 92$．(3) 52．(4) 4．(5) 8．
(6) 81．(7) $(m, n) = (52, 4)$，$(133, 12)$，$(214, 20)$，$(295, 28)$． [答]

(ⅱ) 魚の問題

■ **試問11** ■ A, B, C 3人が，猫をつれて魚釣りに行き，釣れた魚を合わせて次のように分けた．まず A が全体から1匹を猫に与え，残りのちょうど3分1（整数匹）を受け取った．次に B が残りの内から1匹を猫に与え，その残りのちょうど3分の1（整数匹）を受け取った．次に C が残りの内から1匹を猫に与え，その残りのちょうど3分の1（整数匹）を受け取った．最後に残った分は売ることにした．

このように分配できたことから，釣れた魚の総数を n 匹とするとき，n は ☐ 以上であったことがわかる．

東北学院大．（工）．

(ヒント) 前回の問題を解かれた人は，問題を見られたら直ちにこの問題も同じインドの「**マンゴーの問題**」を変形したものであることに気付かれたと思います．魚釣にわざわざ猫をつれて行き，分配の最初に釣れた魚を与えるのは多少奇異な感じもしますが，問題の構成と数学的な内容の良さによる出題かも知れません．

問題は，3人の受け取る魚の数が正整数であることから**整数問題**ですが，方程式は不定方程式となるところがポイントになっています．釣れた魚の最小値を求めたら，そのときの A, B, C が受け取った魚の数および売った数も求めて解を確認して下さい．

> 余談

1. イスラム圏（アラビア）の数学史上の貢献

　6世紀の後半，イラン人のササン朝（226-651）とビザンツ帝国（=東ローマ．395-1453）の長期の戦争のため東西交易ルートであった絹の道（オアシスの道）や海の道が通れなくなり，商人はアラビア半島西部を経由して往来し，その経路にあったメッカは重要な中継貿易地となり大繁栄をしました．メッカで生まれた商人ム**ハマンド**（マホメット）は 610 年頃に唯一神アッラーの啓示を受けた予言者を名乗り**イスラム教**を創設しました．イスラム教徒は独特の聖戦の概念を持ち次々に東西を征服し領土の拡大を計り最盛期には中央アジアから北アフリカを含めて，西はイベリア半島に至る大帝国を築きました．多くのアラブ人は家族と共に征服地に移りイスラム圏が形成されました．ムハマンドの死後は，イスラム共同体の指導者に**カリフ**（教王）を選出し，カリフの統治が始まりますが，カリフ体制のイスラム帝国も次第にイラン人やトルコ人に政治の実権が移り紛争・分裂の繰り返しが続きました．

　こうした，イスラム圏で学問が飛躍的に発展をしたのは，750 年に成立した**アッバース朝**（750-1258）時代でした．

　アッバース朝の第2代のカリフのアル・マンスール（位 754-775）は新都をメッカから肥沃なイラク平原の中心地のバグダードに建設し，異文化に強い関心を示しインドのサンスクリット語や中世ペルシャ語の本のアラビア語への**翻訳**を援助し，アッバース朝黄金期の第5代カリフのハールン・アッラシード（位 786-809）もギリシャ語本の翻訳を継続しましたが，特に，第7代カリフのアル・マムーン（al-Màmún．位 813-833）はギリシャ思想に強い関心をもちギリシャ語の書籍の提供を求めて東ローマ帝国皇

アッバース朝：第7代教王アル・マムーン
右が東ローマ帝国に文献を求め使者を送る図，
（使者はギリシャ語の写本を貰って帰る．）

帝に使節を派遣したり，"知恵の館"と呼ばれる翻訳中心の研究所を創設し組織的に異文化の書籍のアラビア語への翻訳を援助し，同時に付属図書館や大学を設置して，当時バグダードには多数の学者や研究生が集まりアラビア圏の学問の中心地となりました．

次の図は異国起源の書籍について，アラビア語への翻訳の主たる流れを示した系統図です．

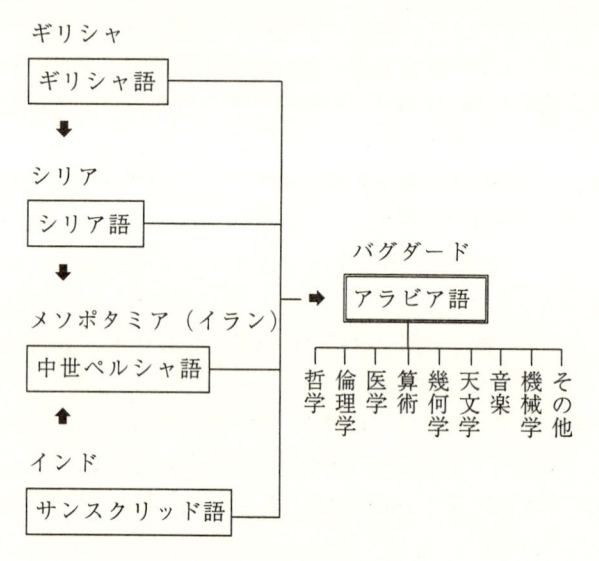

```
ギリシャ
[ギリシャ語]
    ↓
シリア
[シリア語]                    バグダード
    ↓              →       [アラビア語]
メソポタミア（イラン）
[中世ペルシャ語]        哲 倫 医 算 幾 天 音 機 そ
    ↑                  学 理 学 術 何 文 楽 械 の
インド                     学       学 学     学 他
[サンスクリッド語]
```

アル・マムーンは天文学・占星術にも関心をもち，彼の治世にプトレマイオスの『アルマゲスト』の翻訳やバグダードやイスタンブールに天文台を建てたり，さらに820年には支配下のエジプトのピラミットに'天体や地上の図や多くの財宝'が内蔵すると云う口伝を信じ，盗掘を計りました．入り口が発見できず北面に坑を掘って侵入し，苦労の末に運良く通路を発見しましたが内部には目当ての品は何もなかったと云われています．（ピラミットの学術研究は1798年のナポレオンの遠征以後から始まります．）

さて，'知恵の館'の中心的人物にイスラム圏で最大の数学者アルクワリズミ（750?－850?）がいました．彼の名はヨーロッパではラテン語風にアルゴリズムと呼ばれ「アラビア数字による計算」を意味するようになりました．業績にインドとギリシャの数学を融合したことが上げられ，また，算術や代数の著書は後

の数学の発展におおきな影響を与えました．イスラム圏の数学上の貢献はこのように彼をはじめとしてインドやギリシャの自然科学の書籍を翻訳・研究してそれらを融合しその研究成果をヨーロッパに伝えたことにあります．その顕著な例として，6世紀以前にインドで発見されたとされた"ゼロ"を8世紀のアッバース朝時代にサンスクリッド語から翻訳し，その後インド＝アラビア数字がヨーロッパに伝わったことが上げられます．

2．ヨーロッパのアラビア語の翻訳時代

　11世紀頃から12世紀になるとヨーロッパで北イタリアのヴェネツィア，ジェノヴァ，ピサなどの海港都市は地中海を経て東方貿易で繁栄しますが，アラブ圏の学術進歩の様子はそれらの貿易商人によって伝えられ，さらには十字軍の大遠征によって知識の獲得が進み，アラビア語の文献はスペイン，イタリア，イングランドなどの各地で聖職者（＝学者・知識人）の用語であるラテン語に翻訳されて大聖堂や修道院の付属学校では教科書の内容はギリシャの算術に代わってインドの算術も取り入れられるようになりました．

　次の「トンチ問題」もそうしたアラビアを経てインドからヨーロッパへ伝わったものです．

　"ある商人が死を前にして，3人の息子に「自分の17匹の羊を長男に1/2，次男に1/3，三男に1/9を与える．」と遺言しました．息子達は17匹の羊が遺言の通りに分配できず困っていました．これを聞いた賢い隣人が自分の羊を1匹連れてきて羊を18匹とし，

$$\text{長男には，}\quad 18 \times 1/2 = 9 \quad （匹）$$
$$\text{次男には，}\quad 18 \times 1/3 = 6 \quad （匹）$$
$$\text{三男には，}\quad 18 \times 1/9 = 2 \quad （匹）$$

を自分の羊は最後になるようにして分配しました．その結果，分配した羊は，

$$9 + 6 + 2 = 17 \quad （匹）$$

ですので，その隣人は最後に残った自分の羊1匹を連れて帰り，誰も損をする者なく分配されました．その理由は何故でしょう？"

　この問題と類似の次のように面白い問題もあります．

　"あるアラビアの商人が35頭のらくだを遺産に残し，3兄弟の長男に1/2，次男に1/3，三男に1/9を与えることを遺言しました．3兄弟が分配に困っ

5．マンゴー問題の変形

ていると，2人の1頭のらくだを連れた旅人が通りかかり，困っている3兄弟にらくだの分配をして上げようと申し出ました．3兄弟が承知したので旅人は自分たちの1頭を加えてらくだの合計36頭として

$$長男には，\quad 36 \times 1/2 = 18 \quad（頭）$$
$$次男には，\quad 36 \times 1/3 = 12 \quad（頭）$$
$$三男には，\quad 36 \times 1/9 = 4 \quad（頭）$$

のように分配しました．そこで，3兄弟は自分の頭数は遺言以上となり全員満足しました．

その結果，らくだの合計は，

$$18 + 12 + 4 = 34 \quad（頭）$$

となりますのでらくだは2頭残り，旅人は1頭はもともと自分たちのもので返して貰う．1頭は分配した報酬として戴くと云って2人の旅人はそれぞれ1頭ずつのらくだを連れて去って行きました．

算術的に考えると，遺言による割合の合計は

$$1/2 + 1/3 + 1/9 = 17/18$$

ですから，1/18 が余ることになります．

これから，

$$長男：\quad 1/2 = 9/18 = 18/36$$
$$次男：\quad 1/3 = 6/18 = 12/36$$
$$三男：\quad 1/9 = 2/18 = 4/36$$
$$余り：\quad\quad 1/18 = 2/36$$

遺産のらくだは35頭だから1頭を加えて36頭にすれば，

長男は18頭，次男は12頭，三男は4頭となり，余りは2頭だから旅人は遺言による分配によるとこの余りが生じることにことに目を付けてそれを手にしたことになります．

また，12世紀のバースカラⅡ世の『リーラーヴァティ』の中に良く知られた次の算術問題があります．

"蜂の群の1/5がカダンバの花に行き，1/3がシリーンドラの花へ，またその両方の差の3倍がクタジャの花へ行った．残ったもう1匹の蜂は，ケータキーとマーラティーの花の香りに同時に魅せられて，どちらに行こうかと右往左往している．蜂の群は何匹となるか．"

算術問題の数値計算としては簡単ですが，花や蜂の群の情景が浮かんで親しみが感じられます．

[答．15匹]

◀解 答▶

3人の受け取る数と残りを順に求めていくと，

A君：

受け取る数，$\dfrac{n-1}{3}$ ……………①

残った数，$n-1-\dfrac{n-1}{3}=\dfrac{2(n-1)}{3}$ ……………②

B君：

受け取る数，$\dfrac{1}{3}\left\{\dfrac{2(n-1)}{3}-1\right\}=\dfrac{2n-5}{9}$ ……………③

残った数，$\dfrac{2(n-1)}{3}-1-\dfrac{2n-5}{9}=\dfrac{2(2n-5)}{9}$ ……………④

C君：

受け取る数，$\dfrac{1}{3}\left\{\dfrac{2(2n-5)}{9}-1\right\}=\dfrac{4n-19}{27}$ ……………⑤

残った数，$\dfrac{2(2n-5)}{9}-1-\dfrac{4n-19}{27}=\dfrac{2(4n-19)}{27}$ ……………⑥

ここで，⑥は正の整数であるから，

$$2(4n-19)=27k \quad (k\text{ は正整数})$$

とおくと，k は2の倍数である．

$k=2$ のとき，$n=\dfrac{13}{2}$ （不適）

$k=4$ のとき，$n=\dfrac{73}{4}$ （不適）

$k=6$ のとき，$n=25$ （適する）

このとき，①は8，②は16，③は5，④は10，⑤は3，⑥は6で条件を満たす．

よって，n は25以上であった． [答]

6. 経路の問題

（i） 直線図形上の経路

■試問12■ 下の図の（a），（b）について，点Aから出発して点Bに到達する行き方は全部で何通りあるかを考える．ただし，道は必ず左から右へ，または下から上へ進み，斜めの道は左下から右上へ進むものとする．このとき
(1) 点Cを通っていく行き方は，(a) については ア□ 通り，(b) については イ□ 通りある．
(2) 点Cを通っても通らなくてもよいとすれば，(a) については ウ□ 通り，(b) については エ□ 通りの行き方がある．

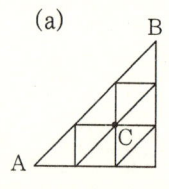

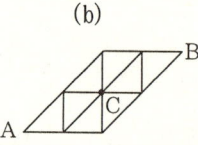

(a)　　　　　　　　(b)

東京大．（1次）．

ヒント　(1)は点Cを通らなければならないから，進む道は次のようになります．

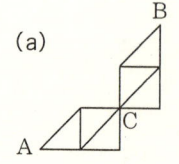

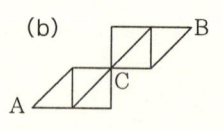

(a)　　　　　　　　(b)

図から，(a)は点Cを通り直線ABに垂直な直線に関して**線対称**であり，(b)は点Cに関して**点対称**な経路だから，いずれも点Aから点Cへ行く場合の数がわかれば求まります．
(2) "点Cを通っても通らなくてもよい"とは"点Cについての条件はない"から，結局点Aから点Bへのすべての行き方を求めることになります．

経路が碁盤の目状のように整然としていないときや経路の数が比較的少ないときには出発点から終点までの各経路の交差点に出発点からの到達する場合の数を順々に記入していくことによって，終点への到達する経路の総数を求めることができます．
　この問題では，進み方は

$$\text{左}\to\text{右，下}\to\text{上，左下}\to\text{右上}$$

の3通りあります．したがって，ある交差点に到達する仕方は左からか，下からか，左下からかですからその交差点への到達数は左，下，左下の交差点への到達数の和となります．

　たとえば，右の図では
点Pへの到達数：
　　　　左（A）→P　　1
点Qへの到達数：
　　　　左（P）→Q　　1
点Rへの到達数：
　　　　左下（A）→R　1
　　　　下（P）→R　　1　　∴　1＋1＝2
点Sへの到達数：
　　　　左（R）→S　　2
　　　　左下（P）→S　1
　　　　下（Q）→S　　1　　∴　2＋1＋1＝4
点Bへの到達数：
　　　　左下（R）→B　2
　　　　下（S）→B　　4　　∴　2＋4＝6

　これが答となります．
　このようにして各交差点への到達数は求められるから，出発点からその数を順々に交差点上に記入していけば**終点に記入した数が求める経路の総数**です．大変素朴な方法で手間はかかりますが手順に従って丁寧に計算すれば堅実とも云えるやり方だと思います．
　(1)，(2)をこの方法で求める練習をしてみて下さい．

余談

1．次の経路は右と上方向に進むからどの道を通っても等距離となりしかも最短距離となります．前記の方法で各自で解いてみよう．

問題1． 下の図において，次の問いに答えよ．
(1) 点Aから点Lに行く最短経路は □ 通りある．
(2) 点Mと点Nを通って点AからBに行く最短経路は □ 通りある．
(3) 点Aから点Bに行く最短経路は □ 通りある．

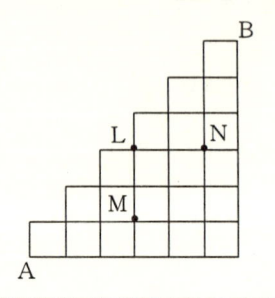

日本大．(生物資源科学)．

[答]： (1) 14通り． (2) 96通り． (3) 42通り．

2．碁盤の目状の経路の最短距離

我が国では，710年に元明天皇により奈良盆地の南部にあった藤原京から北部の平城京へ遷都されました．そのとき，街は当時東アジアで最も先進国であった唐の首都長安の街に真似て都城制が採用され，街は条里制に基づき**碁盤の目の形**に区画されました．その後，都は長岡京に移りましたが，794年桓武天皇は多額の費用と労力を投入して平城京を一回り大きくした都城制の平安京を造り京都に移りました．

そのため，いまでも京都の街は碁盤の目の形をした区画が多く残り，古都を訪れる観光客に大変分かり易い街とされています．

右の図は，京都の二条城前から御所入口までの通りの一部です．二条城から御所へ行くとき図に示した通りを通って最短距離で行く行き方は何通りあるかを考えてみよう．

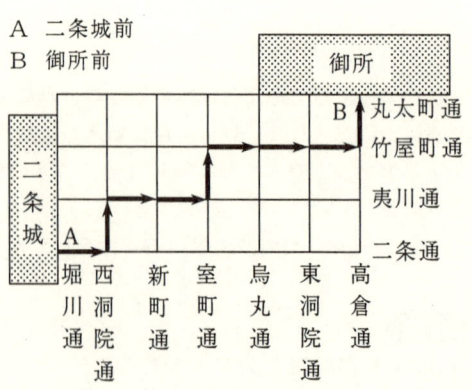

最初に，順列・組合せの理論を用いる方法で解くと，

いま，上の図で➡，⬆で示した経路は一つの最短経路です．このとき，この最短経路に対応する矢印➡と⬆を進んだ順に並べると，

➡⬆➡➡⬆➡➡➡⬆

となり，➡を6個と⬆を3個を一列に並べた順列の1つが対応しています．逆に，この1つの順列に対して上図の最短経路がただ一つ対応します．つまり，

最短経路
⇧ ⇩ （1対1対応）
➡ を6個と ⬆ を3個の並べ方

となることになります．

よって，最短経路の総数は➡を6個と⬆を3個を一列に並べる順列に等しくなるから，

$$\frac{9!}{6!3!} = 84 \text{（通り）}$$

となります．

また，➡を6個と⬆を3個の合計9個の矢印の並べ方は，矢印9個の位置を考えると➡の6個の位置がどこであるかが決まれば，残りの位置に⬆がくるから，9個の位置から➡6個の位置の組合せの数 $_9C_6$ に等しくなり，これを計算しても同じです．もちろん⬆がくる3個の位置を考え $_9C_3$ とも結果は同じです．

次に，各交差点にAからの到達数を表示する方法で求めると，ヒントで述べたように或る交差点Pの到達する場合の数を p，また，点Pの真下の点をU，左側の点をLとし，それぞれの点へ到達する場合の数を u, l とするとき，$p = u + l$ ですから，記入した結果は次の通りです．

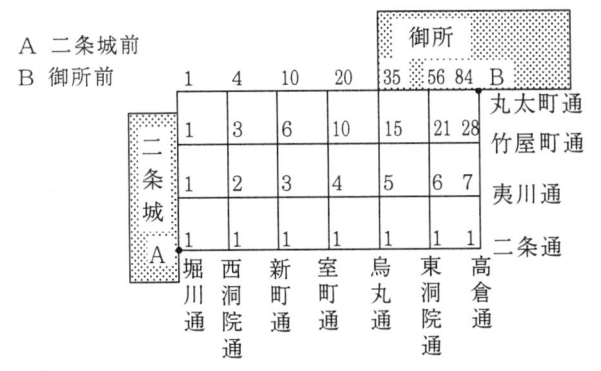

A 二条城前
B 御所前

	堀川通	西洞院通	新町通	室町通	烏丸通	東洞院通	高倉通	
丸太町通	1	4	10	20	35	56	84	B 御所
竹屋町通	1	3	6	10	15	21	28	
夷川通	1	2	3	4	5	6	7	
二条通	1	1	1	1	1	1	1	
A 二条城								

よって，最短経路の数は84通りとなります．

6. 経路の問題

次の問題はある中学入試の問題です．上記の方法により交差点を通過する人の数を求める問題となっています．挑戦してみて下さい．

問題：右の図のような地域をパトロール隊が夜の見回りをしています．千本四条から順番に矢印の方向に進みながら最終的には東大路丸太町まで見回りをします．矢印が2方向に別れている交差点では，隊員は半分ずつに分かれます．出発のときは全部で128人いました．

※ ここで千本四条とはたての千本通りと横の四条通りの交わる交叉点の呼び名です．

河原町御池を通った隊員は全部で何人ですか．

別法：各交叉点に到達する経路の数は次のようにパスカルの三角形の部分となります．また，この図の横の点線部の段に注目すれば，上から順に半々 (1/2) で移りますから点線上の交叉点には，1経路に付き順々に

$$1,\ 1/2,\ (1/2)^2,\ (1/2)^3,\ \cdots\cdots$$

が移ることになります．よって，河原町御池に至る経路は10通りですから，通過する人数は

$$128 \times (1/2)^5 \times 10 = 40 (人)$$

となります．

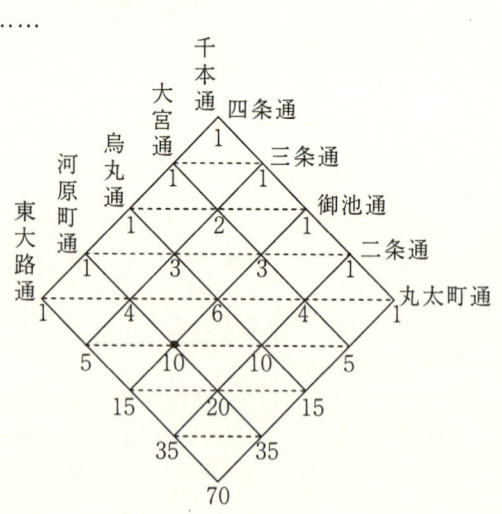

◀解 答▶

(1) 各交差点に出発点Aからの到達する場合の数を順々に記入して行くと次のようである．

最終点Bへの到達する場合の数より，

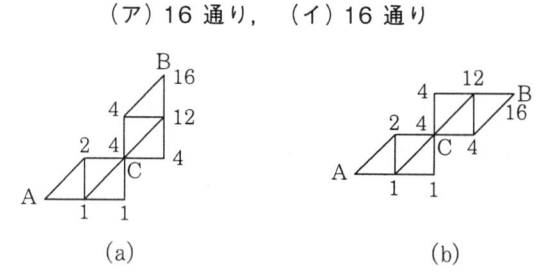

(ア) 16 通り， (イ) 16 通り　　　　　　　　　　　　[答]

(a)　　　　　　　　　　(b)

〈別解〉(a) はCを通り直線ABに垂直な直線に関して対称，また，(b) は点Cに関して点対称であり，共に点Aから点Cへの道の数は4通りだから，いずれも

$$4 \times 4 = 16 \text{ 通り}$$

となる．

(2) 上と同じ方法で各交差点に到達数を記入していくと次のようになる．

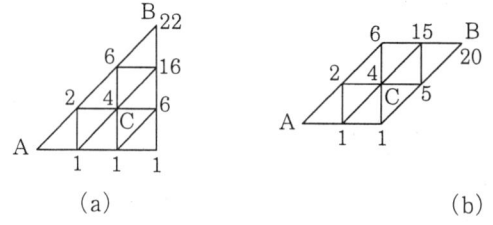

(a)　　　　　　　　　　(b)

終点Bへの到達数より，

(ウ) 22 通り． (エ) 20 通り　　　　　　　　　　　　[答]

(ⅱ) 一方通行の経路の個数

試問13 図のように東西3本,南北 $n+1$ 本の道路がある.一番西の道は北向きの,一番北の道は東向きの一方通行で,他の東西方向の道は西向きの,南北方向の道は南向きの一方通行である.

(1) $n = 3, 4, 5$ それぞれの場合について A_0 から出発して,同じ所を2度通らずに A_0 へ戻ってくる経路の総数はいくつか.

(2) 一般の n のときの総数を求めよ.

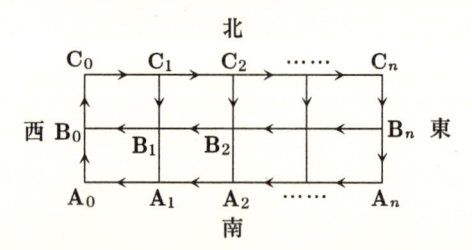

学習院大.(経).

ヒント 条件から,必ず $A_0 \to B_0 \to C_0$ を通ります.そして,C_0 から $C_1, C_2, C_3, \cdots, C_n$ のどれかから折り返へして(南下)A_0 へ引き返すことになりますが $B_1 \to B_0$ は同じ道を2度通らなければならなくなり不要です.したがって図は次のように整理できます.

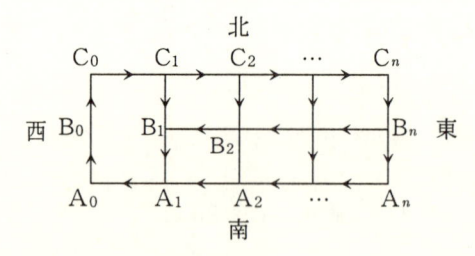

よって,
$n = 1$ のとき,C_1 から南下の場合,1通り.

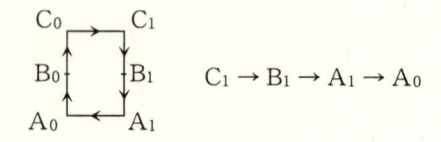

$C_1 \to B_1 \to A_1 \to A_0$

$n=2$ のとき，

　C_1 から南下の場合，$n=1$ と同じ 1 通り．
　C_2 から南下の場合，下の図より 2 通り．
　　　　　∴　$1+2=3$　通り．

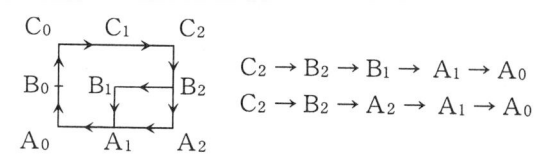

$C_2 \to B_2 \to B_1 \to A_1 \to A_0$
$C_2 \to B_2 \to A_2 \to A_1 \to A_0$

$n=3$ のとき，

　C_1 から南下の場合，$n=1$ と同じ 1 通り
　C_2 から南下の場合，$n=2$ と同じ 2 通り
　C_3 から南下の場合，右の図から求めます．

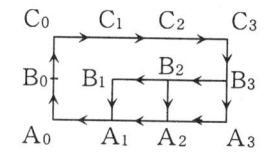

このようにして，$n=4, 5$ のときを求めて行くと，一般に，C_n から南下する場合の数も同様な方法で求まるから，$n=1$ の場合からの総和を $f(n)$ とすれば，これが求める解です．

ところで，前回の"経路の問題（1）"のときに説明した各交差点に到達数を表示する方法によって（1）は簡単に求められます．$n=2$ で示しますから，参考にして $n=3, 4, 5$ のときを求めてみて下さい．この方法の欠点は $n=k$ とその次の $n=k+1$ との関係が浮かばないことです．

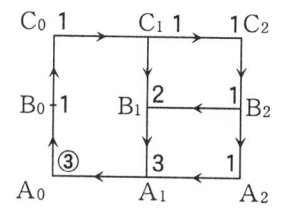

別の方法として，$f(n)$ と $f(n+1)$ の関係式（＝漸化式）を求めて解くこともできます．この場合は一般の場合の（2）を先に求めることになり，$f(3), f(4), f(5)$ が（1）の解となります．

余談　1．連続自然数の総和

$f(n)$ の計算で連続自然数の和を求めることになりますが，1 から n までの連続自然数の総和をギリシャのピタゴラスは数を単子という ● の個数で表し，次のように並べると正三角形が形成されることを知り，それらの数の和を求めて辺 n の三角数と呼びました．

6. 経路の問題

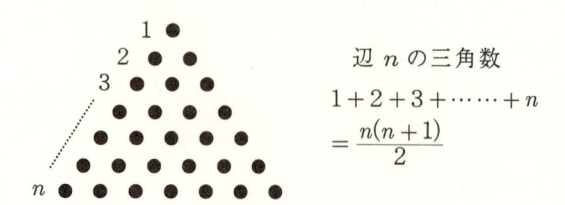

辺 n の三角数
$$1+2+3+\cdots\cdots+n = \frac{n(n+1)}{2}$$

　この三角数の計算について，偉大な数学者ガウス（ドイツ．1777—1855）の伝記に，彼の優れた才能を証す最初の事例として次のような話が伝えられています．
　聖カタリーナ小学校に在学していた10才の頃算数の時間にビットナー先生から「1から100までの数の和を求めなさい．」と問題が与えられ，先生は小学生にはかなり時間を要するだろうと予想されました．ところが，ガウスはすぐに正解求めて提出しました．先生は驚いて「如何にして計算したのか．」と質問されると，ガウスは以下の方法によると説明しました．

```
      1＋  2＋…………＋ 49＋ 50
  ＋) 100＋ 99       ＋ 52＋ 51
     101＋101＋…………＋101＋101
```

これから，　　　101×50＝5050　　　　　　　　　　（答）

　ガウスの才能を見抜いたビットナー先生はその後，彼のため特別に程度の高いテキストを取り寄せて指導されたというものです．

　　　　　　　　ピタゴラス　　　　　ガウス

2．一方通行の問題

　碁盤の目の形をした経路で格子点上にある2地点の一方から他方へ最短距離で進む経路は縦と横の選択可能な一方通行の問題で，規則性があり解法は比較的

容易でしたが，ここではもう少し複雑な条件付き一方通行の問題を考えてみましょう．

問題1．

図のような道路がある．P を出発して Q に行きたい．次の4条件をすべて満たす全ての道すじをあげよ．

(1) つねに矢印の方向に進む．
(2) 同じ道路を2回以上通ってはいけない．
(3) P, Q 以外の点を2回以上通過してもよい．
(4) P, Q を通過してはいけない．

道すじはたとえば PAQ のようにかけ．

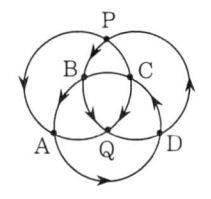

〔東海大．（工）．〕

この経路にも通過できない不要な経路があるからそれを除いて通過可能な経路だけを実線で示すと右図のようになります．

この図から，点 Q に到達するには，A→Q または，B→Q のどちらかです．したがって，

(1) 円 (1) または円 (2) の上で直接点 Q に到達する場合として，

$$P \to A \to Q, \quad P \to B \to Q$$

(2) 円 (1) から円 (3) に移り円 (3) 上より点 Q に到達する場合として，

$$P \to A \to D \to C \to B \to Q,$$
$$P \to A \to D \to C \to B \to A \to Q$$

(3) 円 (2) から円 (3) に移り円 (3) 上より点 Q に到達する場合として，

$$P \to B \to A \to Q$$
$$P \to B \to A \to D \to C \to B \to Q,$$

となります．よって，求める解は，

PAQ, PBQ, PADCBQ, PADCBAQ,
PBAQ, PBADCBQ．　　　　　　　　　　[答]

となります．また次のように**樹形図**を描く方法も有効です．

6. 経路の問題

```
         Q
      A<
     /   D — C — B     Q
  P<                    <
     \   Q               A — Q
      B<
         A     Q
          <
           D — C — B — Q
```

問題2．

　右図においてAからDは都市を表し，番号1から5のついた矢印は一方通行の道路を表す．このとき道路が不通となり都市Aから都市Dへ行けない場合を考える．その場合のうちで，その不通区間のどの区間が開通してもAからDへ行けるような場合をすべて列挙せよ．

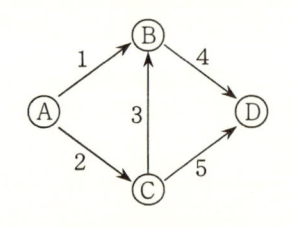

都立科学技術大．

　一番素朴な方法は，不通の道路の本数を n として $n = 1, 2, \cdots, 5$ の値について順々に調べることです．
　(1) $n = 1$ のとき，任意の1つの道路が不通であってもAからDへ行ける．
　　　∴ 解なし
　(2) $n = 2$ のとき，題意を満たすのは
　　　1と2が不通，2と4が不通，4と5が不通の場合である
　(3) $n = 3$ のとき，題意を満たすのは
　　　1と3と5が不通の場合である．
　(4) $n = 4$ のとき，任意の1つの道路が開通したときAからDに行ける場合と行けない場合がある．　　∴ 解なし
　(5) $n = 5$ のとき，任意の1つが開通してもAからDへ行けない．
　　　∴ 解なし
よって，不通区間の組が $\{1, 2\}, \{2, 4\}, \{4, 5\}, \{1, 3, 5\}$ の4通り．
　別の考え方として，AからDへ行くには下図の2つの斜線地域のPとQを通過しなければなりません．よって，不通となる場合は，PまたはQ内の道路の

全部または1部が不通となる場合について，道路3に注意して考えると少し手間が省けると思います．

◀解 答▶
(1) $n=3$ のとき,
$$1+2+3=6 \text{ 通り} \quad \text{[答]}$$
$n=4$ のとき,
$$1+2+3+4=10 \text{ 通り} \quad \text{[答]}$$
$n=5$ のとき,
$$1+2+3+4+5=15 \text{ 通り} \quad \text{[答]}$$

(2) 一般の n のとき，求める数を $f(n)$ とすると $f(n)$ は $f(n-1)$ のときより n だけ増すから,
$$\therefore \quad f(n)-f(n-1)=n,$$
よって, $n=2, 3, \cdots$ を両辺に代入して辺々加えると,
$$f(2)-f(1)=2$$
$$f(3)-f(2)=3$$
$$\vdots$$
$$f(n)-f(n-1)=n$$
から，辺々加えると,
$$f(n)-f(1)=2+3+\cdots+n$$
ここで，$f(1)=1$ から
$$f(n)=1+2+\cdots+n$$
$$=\frac{n(n+1)}{2} \quad \text{[答]}$$

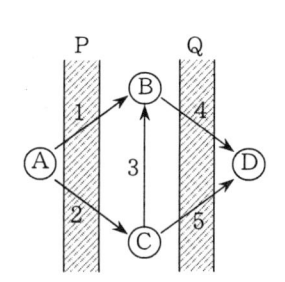

(ⅲ) 旗片付けと最短距離

■試問14■ 真っ直ぐな道路に沿って10mおきに旗が13本立ててある．一番手前のところにいる人が，全部の旗を旗の立っているどこかの地点に集めようとする．旗は一度に一本ずつ運ぶものとすれば，歩く距離を最も短くするにはどの旗のところに集めたらよいか．また，そのとき歩く距離はいくらか．

大阪市大．

　これは随分古い入試問題ですが実用的で自分の勘を確かめてみるのに面白い問題だと思います．最初に，自分が旗を集める役に当たったとして，どういうやり方をするか考えて予想してみて下さい．
1．どの旗の所に集めても結果は同じ．
2．最初の旗の所に集める．
3．中央の旗の所に集める．
4．最後の旗の所に集める．
5．その他．

などが浮かぶと思いますが？．

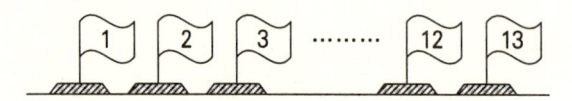

予想したら，実際に計算で解いて確めて下さい．

ヒント n 番目の所に集めるとすると，
ア．最初の一本は n 番目まで運ぶ．その距離は $|n-1|\times 10\text{m}$
イ．次に，n 番目から k 番目の旗を集めるにはその間を往復することになるから，その距離は $2|n-k|\times 10\text{m}$ となります．
ウ．ア，イから，求める距離を L とすると，
$$L = \{|n-1| + 2(|n-2| + |n-3| + \cdots + |n-13|)\} \times 10\text{m}$$
$$= \{2(|n-1| + |n-2| + \cdots + |n-13|) - |n-1|\} \times 10\text{m}$$
となります．さて，L が最小となる n の値とその距離は？

> 余談

1. 絶対値と最小値

問題の計算で L は，
$$|n-1|+|n-2|+\cdots+|n-13|$$
を含みこの最小値を求めることがポイントになりましたが，折角の機会ですから次の問題で，一般の場合についてどうなるかを理解しておくと便利と思います．

問題1． 関数 $f(x)=|x-a_1|+|x-a_2|+\cdots+|x-a_N|$ の最小値を与える実数 x をすべて求めよ．ただし，$a_1, a_2, \cdots, a_N$ は $a_1<a_2<\cdots<a_N$ を満たす定数である．

甲南大．(理)．

$f(x)$ は $a_k \leqq x \leqq a_{k+1}$ の範囲のとき，
$$f(x)=\{kx-(a_1+a_2+\cdots+a_k)\}-\{(N-k)x-(a_{k+1}+a_{k+2}+\cdots+a_N)\}$$
$$=(2k-N)x-(a_1+a_2+\cdots+a_k)+(a_{k+1}+a_{k+2}+\cdots+a_N) \quad \cdots\cdots ①$$

$x \leqq a_1$ のとき，
$$f(x)=-Nx+(a_1+a_2+\cdots+a_N)$$

$a_N \leqq x$ のとき，
$$f(x)=Nx-(a_1+a_2+\cdots+a_N)$$

よって，$y=f(x)$ とおき，グラフをかくと，① より線分の傾きが負から正に変わる点または 0 となる点で y は最小となります．そこで，

$$2k-N=0 \text{ より，} k=\frac{N}{2}$$

したがって，N が偶数および奇数のときグラフは次のようになるからです．

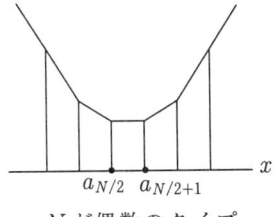

N が偶数のタイプ 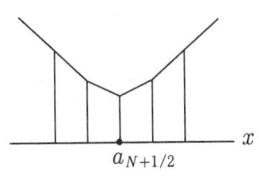　　　　N が奇数のタイプ

これから，

(1) N が偶数のとき，$a_{N/2} \leqq x \leqq a_{N/2+1}$

(2) N が奇数のとき, $x = a_{N+1/2}$　　　　[答]

すなわち, 本問では $N = 13$ のときで a_1 と a_{13} の真中の a_7 で最小値を取ることがわかります.

上の問題は幾何学的には直線上の幾つかの線分の長さの和（距離）を考えるものとなっています. そこで, 線分の長さの和を求める問題の例として渦巻き折れ線を取り上げてみよう.

2. 渦巻き折線上の距離

次の問題は高校入試の問題の一部です. 折れ線の区切り方に注目して下さい.

問題：点Pは, 1目盛りが1cmの方眼紙上の点Oを出発し, 方眼紙上を移動する. 次の問に答えよ. 右の図は, 点Pの移動の経路を太線で表したものである. このときの移動の仕方を□内の文のようにまとめた.

(1) □内が, 図の説明となるように x の数求めなさい.

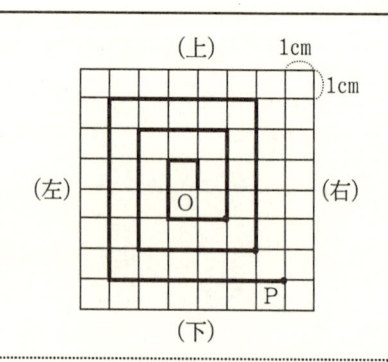

（移動の仕方）

1回目の移動は, 点Oを出発して上に1cm, 左に1cm, 下に2cm, 右に2cmという順に進み1回目の終点につく.

2回目, 3回目, …の移動は, 直前の回の終点から同じ順で進み, 上に進む距離は, その直前の回に進む距離より (x) cm長い. 左, 下, 右に進む距離も, 直前の回よりそれぞれ (x) cm長い.

(2) 図で, 点Pの1回目に進む距離の合計は6cmで, 2回目に進む距離の合計は14cmである. □内の移動の仕方でさらに点Pが進むことにして, n 回目に進む距離の合計を, n を使かった式で表しなさい.

（秋田県）.

この問題では, 原点Oから出発する渦巻き折れ線を右下がりの対角線上にある点で区切りその点が終点と呼ばれ, 終点は次の回の出発点となっています. すると, 1回ごとの移動経路の形は次の太線の部分を上→左→下→右の順に移動

を繰り返すことになります.

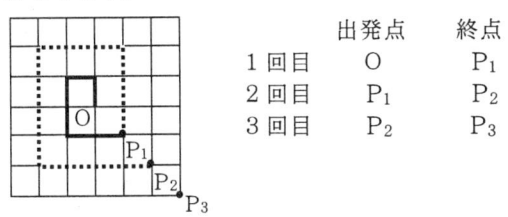

	出発点	終点
1回目	O	P_1
2回目	P_1	P_2
3回目	P_2	P_3

各回のそれぞれの向きへの移動距離は,

	上	左	下	右	距離
1回目	1	1	2	2	6
2回目	3	3	4	4	14
3回目	5	5	6	6	22

となり,この結果からある回の移動距離はその直前の回の移動距離よりすべての向きに2cm増すことになり合計8cm増します.これからn回目の移動距離では,

$$6 + 8(n-1) = 8n - 2$$

となります.

ところで,折れ線の区切り方について,各回の上と左および下と右への移動距離が等しくなっています.このことに注目して次の渦巻き折れ線の長さを求める問題に挑戦してみよう.

問題2. 座標平面上の点(m, n)は,mとnがともに整数のとき,格子点と呼ぶ.座標平面上で,原点から出発してすべての格子点を1回ずつ通る図のような折れ線をCとし,原点から格子点(m, n)までの折れ線Cの長さを$s(m, n)$で表す.例えば,$s(0, 0) = 0$,$s(1, 0) = 1$,$s(1, 1) = 2$,…である.このとき,次の問に答えよ.

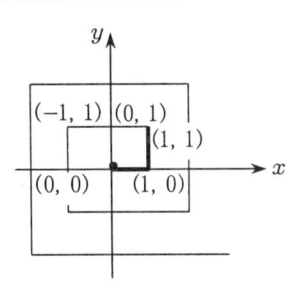

(1) 自然数nに対し,$s(n, n)$と$s(n, -n)$をnを用いて表せ.
(2) 格子点(m, n)が第1象限にあるとき,$s(m, n)$をmとnを用いて表せ.

大阪女子大.(学芸).

折れ線を直線$y = x$で2つの部分に分けると,直線の両側の折れ線部分は直角

2等辺三角形の等辺となり，折れ線によって出来る直角2等辺三角形の辺の長さは順々に，1, 2, 3, … となります．

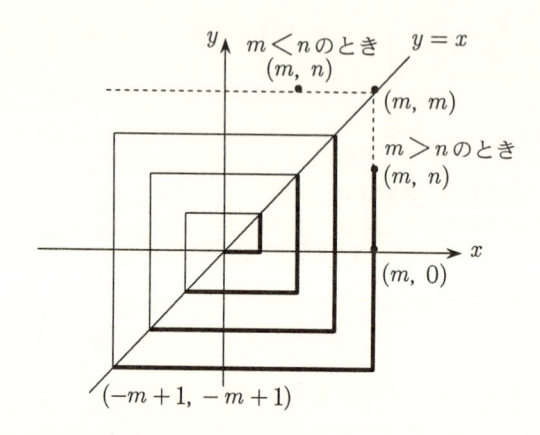

これから，折れ線の各部分の長さは，

(0, 0)	から	(1, 1)	まで	1×2
(1, 1)	から	(−1, −1)	まで	2×2
(−1, −1)	から	(2, 2)	まで	3×2
	⋮			
(−n+1, −n+1)	から	(n, n)	まで	$(2n-1) \times 2$

よって，原点から点 (n, n) までの距離は，

$$s(n, n) = \{1 + 2 + \cdots + (2n-1)\} \times 2$$
$$= 2n(2n-1) \qquad \text{［答］}$$

また，

$$s(n, -n) = s(n, n) + 2n + 2n + 2n$$
$$= 2n(2n-1) + 6n$$
$$= 4n(n+1) \qquad \text{［答］}$$

(2) $m \geqq n$ のとき

点 (m, n) は2点 (m, m) と $(m, 0)$ の間にあり，その距離は $m-n$ だから

$$s(m, n) = s(m, m) - (m-n)$$
$$= 2m(2m-1) - (m-n)$$
$$= 4m^2 - 3m + n \qquad \text{［答］}$$

$m < n$ のとき

点 (m, n) は 2 点 (m, m) と $(0, m)$ の間にあり，その距離は，$n-m$ だから
$$s(m, n) = s(n, n) + (n-m)$$
$$= 2n(2n-1) + (n-m)$$
$$= 4n^2 - n - m \qquad \text{[答]}$$

この問題で折れ線上の点と原点からの直線距離との関係はどうなるかを見てみよう．

問題3． 座標平面の原点を第 0 地点・とする．ここを出発点として第 1 地点① $(1,0)$，第 2 地点② $(1, 1)$，第 3 地点③ $(-1, 1)$ …と順次図のような経路で運動している点がある．また，原点を中心とし半径 r の円がある．この点が初めてこの円の外に出るのはどの地点とどの地点の間か．

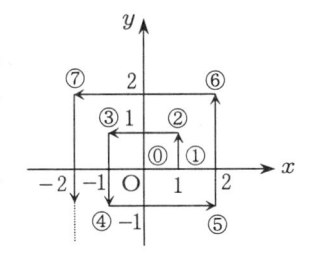

神戸商大．（管理）．

座標平面上の経路で初めて原点中心の円外に出る部分を示すと図の太線の部分となります．ただし，●は含まれ○は除く．

図から，一般の場合の地点 $4n$，$4n+1, 4n+2$ の間の経路を考え円外に出る太線を AB，CD とすると，

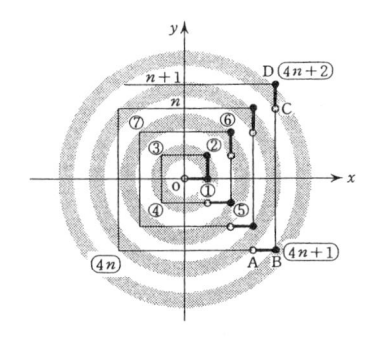

$$OA = \sqrt{2}\, n$$
$$OB = OC = \sqrt{n^2 + (n+1)^2} = \sqrt{2n^2 + 2n + 1}$$
$$OD = \sqrt{2}\,(n+1)$$

ただし，$n = 1, 2, 3, \cdots$ よって，AB 間の場合，$OA < r \leq OB$ より
$$\sqrt{2}\, n < r \leq \sqrt{2n^2 + 2n + 1}$$

のとき，第 $4n$ 地点と第 $(4n+1)$ 地点の間．

CD 間の場合，$OC < r \leq OD$ より

6. 経路の問題

$$\sqrt{2n^2+2n+1} < r \leq \sqrt{2}(n+1)$$

のとき，第 $(4n+1)$ 地点と第 $(4n+2)$ 地点の間となります。　　　[答]

◀ 解 答 ▶

n 番目の旗のところに集めるとき，歩く距離を S_n とすると，
$1 \leq k \leq 13$ とすると，
$1 \leq k \leq n$ のとき，　$|n-k| = n-k$
$n \leq k \leq 13$ のとき，　$|n-k| = k-n$
　例えば，

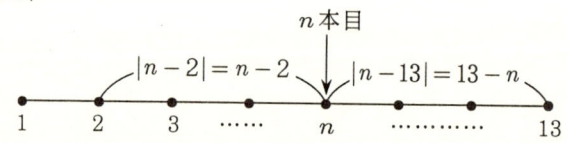

```
         |n-2|=n-2    n本目    |n-13|=13-n
              ↘         ↓         ↙
    •────•────•──……──•──────•────•────•
    1    2    3       n                13
```

だから，

$$S_n = \{|n-1| + 2|n-2| + 2|n-3| + \cdots + 2|n-13|\} \times 10$$
$$= [2\{|n-1| + |n-2| + |n-3| + \cdots + |n-13|\} - |n-1|] \times 10$$

$$\therefore \frac{S_n}{10} = 2[(n-1) + (n-2) + (n-3) + \cdots + \{n-(n-1)\} + (n-n)$$
$$\qquad + \{(n+1)-n\} + \{(n+2)-n\} + \cdots (13-n)] - (n-1)$$
$$= 2[n(n-1) - \{1+2+\cdots+(n-1)\} + \{1+2+\cdots+(13-n)\}] - (n-1)$$
$$= n(n-1) + (13-n)(14-n) - n + 1$$
$$= 2n^2 - 29n + 183$$
$$= 2\left(n - \frac{29}{4}\right)^2 + \frac{623}{8}$$

n は整数より，$n=7$ のとき最小となり，距離は

$$(2 \cdot 7^2 - 29 \cdot 7 + 183) \times 10 = 780$$

∴ **7番目の旗，780m**　　　　　　　　[答]

（つまり，中央に集めるとき最小距離となる）

(iv) 郵便屋さんの最短道程

試問15 第1列に1軒の家, 第2列に2軒の家……, 第 n 列に 2^{n-1} 軒の家がある. 図1のように, 各家からは次の列の2軒の家へ, それぞれ1本の道があり, また各家は前の列の家から1本の道で結ばれている.

(1) 郵便屋さんが, 第1列の1軒から出発して, 第 n 列までの全ての家を回り, 再び出発点に戻る最短の道程を S_n とする. ただし, 1本の道の長さは1とする. このとき,

$$S_2 = 4, \quad S_3 = 12 \cdots,$$
$$S_n = \boxed{ア}^{n+\boxed{イ}} - \boxed{ウ}$$

となる. また, このような最短距離は, 全部で 2^N 通りある. ただし,

$$N = \boxed{エ}^{n-\boxed{オ}} - \boxed{カ}$$

である.

(2) 第 n 列に, 図2のように新たに道をつくったとき, S_n の値を, $\boxed{キ}^{n-\boxed{ク}}$ だけ減らすことができる. さらに, 出発点に戻らなくてよいならば, 道程は $\boxed{ケ}n + \boxed{コ}$ だけ減る.

慶應義塾大.（環境情報）.

ヒント 問題文から郵便屋さんの巡回路の最短距離はどんな条件を満たしているときであるかを確認しておこう.

図1からすべての家を巡回するためには, **すべての道を少なくとも1回は往復しなければならない**. したがって, すべての道を**ただ1回の往復で巡回可能**ならば, これが最短の道程となります. それではそのような巡回は可能だろうか？

図1の各家は樹形状に結ばれています. **1回で巡回できるとは**, 第1列の家（点）から書き始めて道（線）をなぞっていくとき, **一筆書きが可能である**ということと同じです. ただし, 各線は往復するから2回通過できる.

一筆書きが可能な必要十分条件については，すでに（32ページ）述べたように，
(1) 奇点が0個（すべて偶点）
(2) 奇点が2個（他の点はすべて偶点）
の場合のみでした．

図1は第1列の点のみが偶点で他は奇点となっています．ところが各線は往復する訳ですから，実は2本の線の役割をしています．

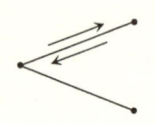

したがって，各家（点）はすべて偶点となり，上の条件の(1)を満たしますから，一筆書きが可能となります．

以上から，巡回路の最短距離は各道（線）を1回だけ往復する道程であることが分かります．

(1) 条件を整理すると，

ア．郵便屋さんはすべての道を往復する
イ．第 n 列には 2^{n-1} $(n \geq 2)$ 軒の家がある

となります．これから，解法は2通りが考えられます．
第1の方法：数列 $\{S_n\}$ から S_n を求める．
第2の方法 ： S_{n-1} と S_n の漸化式から S_n を求める．

また，N は，第 k 列の家から第 $(k+1)$ 列の家への行き方が分かれば，全体では積の法則が成り立ちます．

(2) 第 n 列に，新たに道をつくると，第 $(n-1)$ と第 n 列間の道程は第 $(n-1)$ 列の1軒につき第 n 列への道程が1ずつ減ります．更に，出発点に戻らなくてもよければ，第 n 列の端点から出発点までの道程だけ減ります．

余談　有名な巡回路

オイラーが1736年に「ケーニヒスベルグの橋渡りの問題」を"点と線"で置き換えて一筆書きの問題として解決し，これが後に新しい位相幾何学やグラフ理論という研究の発端となったことはすでに述べました．（3．一筆書き参照．）

グラフ理論は点，または点と点をつなぐ線を図示して，その結合関係だけに着目しますが，

"どの2点も線でつながっているとき**連結グラフ**といい，ある点から出発してすべての点を通って出発点に戻る経路が存在するとき，その経路を**巡回路**とよびます"

1．オイラー閉路

オイラーの"一筆書きの可能な条件"ですべての点が偶点のとき，書き始めと書き終わりは一致し，巡回路となります．このように，

与えられたグラフのすべての線をただ1回ずつ通って出発点に戻る閉路を，そのグラフは**オイラー閉路**であると云います．

次のグラフはオイラー閉路となっています．

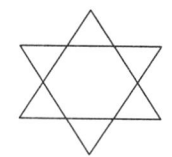

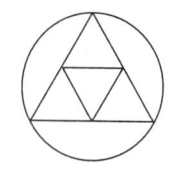

一筆書き可能なグラフで始点と終点が異なるときは単にオイラー路と言います．

2．ハミルトン閉路

ウィリアム・ハミルトン卿（イギリス．1805-1865）は1859年に"世界20都市巡りのゲーム"を考案しました．そのゲームは正12面体の20個の頂点に世界の知名な都市名を対応づけて辺に沿って各頂点（都市）をただ1回ずつ通って出発点に戻る閉じた巡回路を見つける問題で，通常"世界周遊の旅"と呼ばれています．アムステルダムが初めで，ワルシャワで終わり，東京は19番目にあります．

ハミルトン

次のページの図は正12面体を立体のままでは考えにくいため，各頂点が見えるように平面へ上から押し潰して表したものですが，番号1から順に20までなぞって，最後に20から1へ戻れば巡回路は完成し，この解の1つとなります．

問題は，与えられたグラフのすべての頂点を1回だけ通る巡回経路を求めるもので，この条件を満たす経路を**ハミルトン閉路**と言います．

ハミルトンのこのゲームの問題をゲーム器具の会社が25ギネ（1ギネ＝22シリング）で買い取り，ハミルトンの解説書付きで販売したと云うことですが，儲けはなかったそうです．ところで，次に示した図の正4面体，正6面体で右の押し潰した図を用いハミルトン閉路が存在するか考えてみてください．（解答は最後）

6．経路の問題

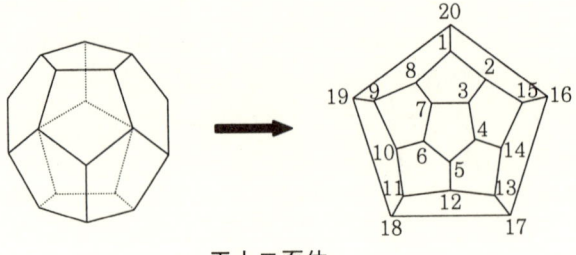

正十二面体

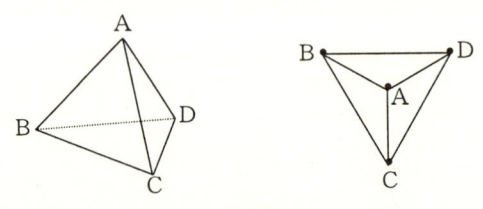

正四面体

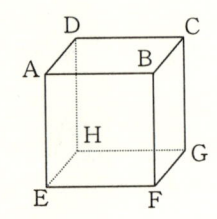

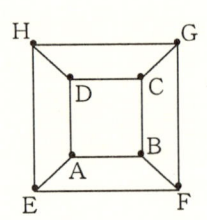

正六面体

3．巡回セールスマンの問題

オイラー閉路やハミルトン閉路を応用した問題に「巡回セールスマンの問題」があります．それは，「セールスマンが何軒かの家を回るとき，最短経路を求めよ．」と云うもので，最適値に関するものです．例えば，

 "右図のような，5地点A, B, C, D, Eを結ぶ道路網があります．そして，数字は隣接2点間の距離を示しています．

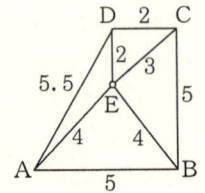

ある地点から出発して,すべての地点を経由しもとの地点に戻る最短距離を求めよ."
のような問題です.挑戦してみてください.

(解答は最後)
[ハミルトン閉路の解]
存在する.

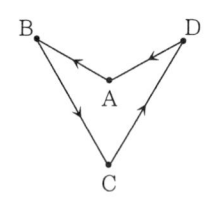

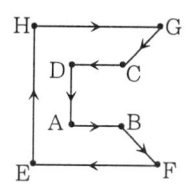

[巡回セールスマンの解]
下の巡回路のとき,最小距離 18

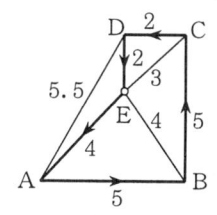

◀解 答▶
(1) 第 n 列から $2^{n-1}(n \geq 2)$ 個の道が出ていて郵便屋さんはすべての道を往復するから,

$$S_2 = 2 \cdot 2 = 4$$
$$S_3 = 2(2+2^2) = 12$$
$$\cdots\cdots\cdots\cdots\cdots$$
$$S_n = 2(2+2^2+\cdots\cdots+2^{n-1})$$
$$= 2 \cdot 2 \cdot \frac{2^{n-1}-1}{2-1} = 2^{n+1} - 4$$

∴ (ア) 2.(イ) 1.(ウ) 4   [答]

〈別解〉 S_k と S_{k+1} の関係は,
$$S_{k+1} = S_k + 2 \cdot 2^k, \quad S_1 = 0$$

但し，$k=1, 2, \cdots, n-1$ だから，
$$S_{k+1} - S_k = 2\cdot 2^k$$
$k=1$ から $k=n-1$ まで両辺に代入して辺々加えると，$(S_1 = 0)$
$$S_n - S_1 = 2(2 + 2^2 + \cdots\cdots + 2^{n-1})$$
$$\therefore \quad S_n = 2(2 + 2^2 + \cdots\cdots + 2^{n-1})$$

以下は上と同じ計算.

次に，第 k 列には 2^{k-1} 軒の家があり，各家から次の第 $(k+1)$ 列目の家への行き方はそれぞれ 2 通りあるから，すべての行き方は 2^{2k+1} 通りである．よって，求める総数が 2^N だから，
$$N = 2 + 2^2 + \cdots\cdots + 2^{n-2} = \frac{2^{n-1}-1}{2-1} = 2^{n-1} - 1$$
$$\therefore \quad (エ)\ 2.\quad (オ)\ 1.\quad (カ)\ 1 \qquad [答]$$

(2) 第 $(n-1)$ 例には 2^{n-2} 軒の家があり・新しい道をつくると 1 軒当り往復するときより 1 減らすことができるから全体では 2^{n-2} となる．

また，第 n 列目の最後から出発点に戻らなくてもよければ，出発点までの道程 $(n-1)$ だけ減ることになる．
$$\therefore \quad (キ)\ 2.\quad (ク)\ 2.\quad (ケ)\ 1.\quad (コ)\ -1 \qquad [答]$$

(v) "カメの動き"を描いてみよう

試問16 一匹のカメが座標平面上を x 軸あるいは y 軸に平行に移動する．第 n 段階で到達する点を $P_n = (a_n, b_n)$ としたとき，
- 第1段階は $P_0 = (0, 0)$ から $P_1 = (1, 0)$ へ移動する
- 第2段階は $P_1 = (1, 0)$ から $P_2 = (1, -1)$ へ移動する
- 第3段階は $P_2 = (1, -1)$ から $(0, -1)$ を通り，$P_3 = (0, -2)$ へ移動する
- 一般に n 段階 $(n \geq 2)$ は P_{n-1} を始点として出発する．このとき，出発の方向は P_{n-1} へ到着する直前の向きを時計回りに $90°$ 変えた方向であり，P_{n-1} からの歩き方は，P_{n-1} から P_0 へ来た道をたどって戻る歩き方と同じとする．

このとき，次の問いに答えなさい．

(1) P_n までのカメの移動した道のりは $\dfrac{\boxed{ア}}{\boxed{イ}} \boxed{ウ}^n$ である．

(2) P_6 までカメが移動したとき，a_n の最大値は $\boxed{エ}$，最小値は $\boxed{オ}$ である．また，b_n の最大値は $\boxed{カ}$，最小値は $\boxed{キ}$ である．

慶應義塾大．（環境情報）．

ヒント (1) 条件から，第 n 段階のカメが移動した経路を，点 P_{n-1} を中心とし時計回りに $90°$ 回転すると，原点 P_0 から第 $(n-1)$ 段階までに移動した経路に重なります．

たとえば，右の図は $n = 4$ のときを表し，点 P_3 を中心に時計回りに $90°$ 回転すると，点 P_4 は原点 O へ，点 P_3 から P_4 への経路は点 P_3 から原点 P_0 への経路に重なります．

よって，一般にカメが原点 P_0 から点 P_n までに移動した道のりを L_n とすると，

$$L_n = 2L_{n-1} \ (n \geq 2), \quad L_1 = 1$$

が成り立つことになります．

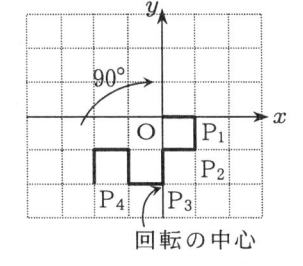

(2) 第6段階くらいでしたら実際にカメの移動経路をなぞって行ってもさして困難はありませんから，カメの経路を描き点 P_6 の座標と両軸方向に対する動きの範囲を求めてみて下さい．また，作図は第7段階当りからかなり忍耐を要しますが続けて挑戦し，自分の方向感覚や集中力を試されると面白いと思います．第8段階ま

6. 経路の問題

でを次に示しておきます．

第 8 段階までのカメの動きは次のようです．

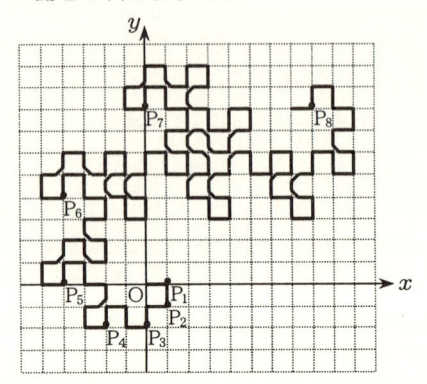

ところで，実際に経路を描けば平面上でのカメの動きが目に見える楽しさがある反面で繁雑さを伴うと共に第 n 段階の到達点を求めるとなるとお手上げです．一般の点 $P_n(a_n, b_n)$ を求めるにはベクトルの回転（または複素平面）を利用することになります．しかし，この欠点は逆にカメの動きが見えないことです．

ベクトルを用いて，点 $P_n(a_n, b_n)$ を求めてみよう．

上で述べたように $\overrightarrow{P_{n-1}P_n}$ を時計回り，つまり $-90°$ 回転すれば $\overrightarrow{P_{n-1}O}$ に重なります．

ここで，$n \geqq 2$ のとき，

$$\overrightarrow{P_{n-1}O} = -\overrightarrow{OP_{n-1}} = -\begin{pmatrix} a_{n-1} \\ b_{n-1} \end{pmatrix}$$

$$\overrightarrow{P_{n-1}P_n} = \overrightarrow{OP_n} - \overrightarrow{OP_{n-1}} = \begin{pmatrix} a_n \\ b_n \end{pmatrix} - \begin{pmatrix} a_{n-1} \\ b_{n-1} \end{pmatrix} = \begin{pmatrix} a_n - a_{n-1} \\ b_n - b_{n-1} \end{pmatrix}$$

です．また，平面ベクトルを $-90°$ 回転させる働きをする行列 A は，

$$A = \begin{bmatrix} \cos(-90°) & -\sin(-90°) \\ \sin(-90°) & \cos(-90°) \end{bmatrix} = \begin{bmatrix} 0 & 1 \\ -1 & 0 \end{bmatrix}$$

となります．したがって，$-\overrightarrow{OP_{n-1}} = A \cdot \overrightarrow{P_{n-1}P_n}$

$$\therefore \ -\begin{pmatrix} a_{n-1} \\ b_{n-1} \end{pmatrix} = \begin{bmatrix} 0 & 1 \\ -1 & 0 \end{bmatrix} \begin{pmatrix} a_n - a_{n-1} \\ b_n - b_{n-1} \end{pmatrix} = \begin{pmatrix} b_n - b_{n-1} \\ -a_n + a_{n-1} \end{pmatrix}$$

よって，
$$a_n = a_{n-1} + b_{n-1}$$
$$b_n = -a_{n-1} + b_{n-1} \quad \cdots\cdots (*)$$

これから，$n \geq 2$ のとき，

$$\binom{a_n}{b_n} = \begin{bmatrix} 1 & 1 \\ -1 & 1 \end{bmatrix} \binom{a_{n-1}}{b_{n-1}} = \begin{bmatrix} 1 & 1 \\ -1 & 1 \end{bmatrix}^2 \binom{a_{n-2}}{b_{n-2}} \cdots\cdots$$

$$= \begin{bmatrix} 1 & 1 \\ -1 & 1 \end{bmatrix}^{n-1} \binom{a_1}{b_1} = \begin{bmatrix} 1 & 1 \\ -1 & 1 \end{bmatrix}^{n-1} \binom{1}{0}$$

となります．さらに，$B = \begin{bmatrix} 1 & 1 \\ -1 & 1 \end{bmatrix}$ とおくと，

$$B^2 = 2 \begin{bmatrix} 0 & 1 \\ -1 & 0 \end{bmatrix},$$

$$B^3 = -2 \begin{bmatrix} 1 & -1 \\ 1 & 1 \end{bmatrix}$$

$$B^4 = -2^2 \begin{bmatrix} 1 & 0 \\ 0 & 1 \end{bmatrix} = -4E$$

ただし，E は単位行列です．したがって，$k = 0, 1, 2, \cdots$ とするとき，

(ⅰ) $n = 4k+1 \quad \to \quad B^n = (-4)^k B$
(ⅱ) $n = 4k+2 \quad \to \quad B^n = (-4)^k B^2$
(ⅲ) $n = 4k+3 \quad \to \quad B^n = (-4)^k B^3$
(ⅳ) $n = 4k \quad\quad \to \quad B^n = (-4)^k E$

となり，

$$\binom{a_n}{b_n} = B^{n-1} \binom{1}{0} \quad \cdots\cdots (**)$$

からも，点 P_n の座標は求められます．

たとえば，点 P_7, P_8 の座標は，$(**)$ より

$$\binom{a_7}{b_7} = B^6 \binom{1}{0} = -4B^2 \binom{1}{0} = -8 \begin{bmatrix} 0 & 1 \\ -1 & 0 \end{bmatrix} \binom{1}{0} = \binom{0}{8}$$

$$\binom{a_8}{b_8} = B^7 \binom{1}{0} = -4B^3 \binom{1}{0} = 8 \begin{bmatrix} 1 & -1 \\ 1 & 1 \end{bmatrix} \binom{1}{0} = \binom{8}{8}$$

$$\therefore \quad P_7(0, 8), \quad P_8(8, 8)$$

また，(*) から，
$$\sqrt{a_n^2 + b_n^2} = \sqrt{2(a_{n-1}^2 + b_{n-1}^2)}$$
$$\therefore \quad OP_n = \sqrt{2}\, OP_{n-1}$$

だからカメは原点から遠ざかっていきます．

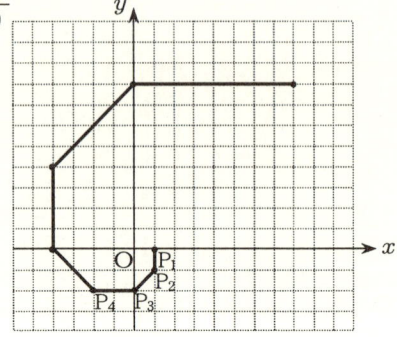

余談

1．複素平面上での考察

問題を複素平面上で考えてみよう．

上の結果は，複素平面上では点 P_n は，複素数 $z_n = a_n + ib_n$（a_n, b_n は実数，i は虚数単位）で表され，

$$\begin{pmatrix} a_n \\ b_n \end{pmatrix} = \begin{bmatrix} 1 & 1 \\ -1 & 1 \end{bmatrix} \begin{pmatrix} a_{n-1} \\ b_{n-1} \end{pmatrix} \qquad \text{※}$$

となります．ここでは，

$$\begin{bmatrix} 1 & 1 \\ -1 & 1 \end{bmatrix} = \sqrt{2} \begin{bmatrix} \cos(-45°) & -\sin(-45°) \\ \sin(-45°) & \cos(-45°) \end{bmatrix}$$

ですから，よって，各段階の端点および到達点を結ぶ折れ線のグラフの頂点 P_n はそれぞれ点 P_{n-1} を原点 O を中心に $-45°$ 回転して $\sqrt{2}$ 倍に拡大した点となっています．

そこで，平面を複素平面として，その上で上記の回転を表す複素数を a，点 P_n, P_{n-1} を表す複素数をそれぞれ z_n, z_{n-1} とすると，

$$z_1 = 1, \quad z_n = a z_{n-1} \quad (n \geq 2)$$

ここで，

$$a = \sqrt{2}\{\cos(-45°) + i\sin(-45°)\} = 1 - i$$

です．これから，点 P_1, P_2, P_3, $\cdots$ は

$$z_1 = 1$$
$$z_2 = (1-i) \cdot 1 = 1 - i$$

$$z_3 = (1-i)\cdot(1-i) = -2i$$
$$\vdots$$

となっています．すなわち，座標は順々に

$P_1(1, 0)$，$P_2(1, -1)$，$P_3(0, -2)$，……となっていきます．

ところで，この折れ線グラフは各線分の部分を $P_1P_2 = l_0$，$P_2P_3 = l_1$，$P_3P_4 = l_2$，……とすれば，l_{n-1} と l_n の関係も l_n は l_{n-1} を原点Oを中心に $-45°$ 回転して $\sqrt{2}$ 倍に拡大したものになっています．

この点に注目したのが次の問題です．演習としますので挑戦して下さい．

問題1．

複素平面上に2点 $1, 1+i$ を結ぶ線分 l がある．このとき，次の各問いに答えよ．

(1) $a(1+i) = 2i$ となるような複素数 a を求めよ．
(2) 複素平面上に集合 $\{az \mid z \in l\}$ を図示せよ．
(3) $l_0 = l$ とし，$l_n = \{az \mid z \in l_{n-1}\}$ $(n = 1, 2, \cdots)$ とする．このとき，$l_0, l_1, \cdots, l_7$ でできる折れ線の長さを求めよ． 　　　山形大．(医・理)．

(ヒント) (1) a について解くだけです．(2) の集合は線分 l を原点を中心に a の偏角だけ回転し $|a|$ 倍に拡大してできる線分を表します．(3) は l_0 から順々に (2) の変換によって得られる折れ線を描き，その長さを求めるものです．

答：(1) $1+i$ 　　(2) 図1．
　　(3) 図2． 　　線分の長さは $1 + \sqrt{2} + (\sqrt{2})^2 + \cdots\cdots + (\sqrt{2})^7 = 15(\sqrt{2}+1)$

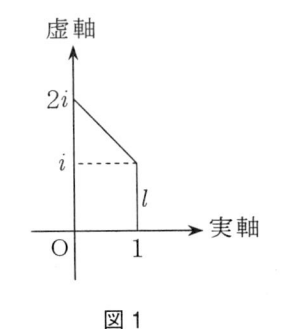

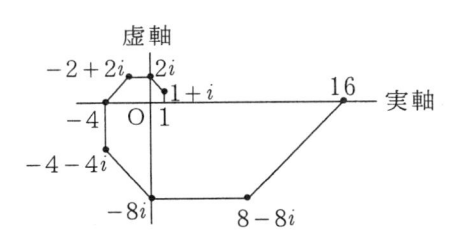

図1

図2

6. 経路の問題

2. カメはよく観察するとなかなか愛嬌がありす．石の上でのんびり甲羅干しをしたり，危険を感じたら素早く頭，四肢，尾っぽを甲羅の中に入れて身を守ったり，のろのろ歩く姿はぎこちなく思われてつい手を出したい気持ちを誘います．また，酒好きのようで，人は大酒飲みのことを亀と云ったりしますが，長寿であること，強健で忍耐強いとされ，寺院の装飾や老亀は霊亀や神亀として信仰の対象にもなってきました．

世界最大のガラパゴス諸島にいるゾウガメの甲模様

背中の甲には多角形の幾何学模様がみられ，その六角形の上下左右の連続模様は**カメの甲模様**と呼ばれたり，化学ではベンゼンの構造式が同形であることからカメの甲と俗称されています．

数学の中でカメが登場するのはよく知られている**"アキレスと亀"**の話です．ギリシャの哲学者パルメニデスの弟子であった**エレアのゼノン**（B.C.490?-430?）は師のパルメニデスの"唯一不動の存在論"を擁護するため四つの**運動を否定する逆理**を提出しました．その第二番目にアキレスと亀の競争があります．これに関するゼノン自身の論文は残っいませんが，**アリストテレス**の著作（『自然学』）の中に記されています．内容は「アキレス」の議論として，"走ることの最も遅いものですら最も速いものによって決して追い着かれないだろう．なぜなら，追うものは，追い着く前に，逃げるものが走りはじめた地点に着かなければならないから，より遅いものは常にいくらかずつ前にいなければならない．"

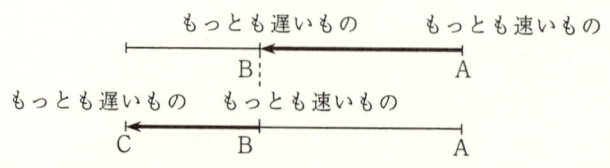

ゼノン

最も速いものがAからBへくれば，最も遅いものはBからCへ移る．この繰り返しである．

と云うものです．走ることの最も遅いものを亀と記述したのは，後に，アリストテレスの注釈をしたシンプリキオス（6世紀頃）と云われています．ゼノンはアテネやスパルタが2回のペルシャとの戦いに勝利してから凡そ10年後にパルメニデスと共にアテネに来ましたが，そこで若きソクラテスと知り合いました．ソクラテスはゼノンから強烈な印象を受けたと伝えられています．最後は，ゼノンは僭主に反逆を企てたとして，また，ソクラテスは公認の神を否定し青年に悪影響を及ぼしたとして裁判にかけられ死刑が宣告され悲運でした．

◀ 解 答 ▶

(1) 条件から，点 P_n までのカメの移動した道のりを l_n とすると，
$$l_1 = 1, \quad l_n = 2l_{n-1}$$
だから数列 $\{l_n\}$ は初項1，公比2の等比数列となります．
$$\therefore \quad l_n = 1 \cdot 2^{n-1} = \frac{1}{2} \cdot 2^n$$

したがって， ア．1，イ．2，ウ．2． [答]

(2) P_6 までのカメの移動する道を描くと下図のようになる．

第6段階までのカメの動き

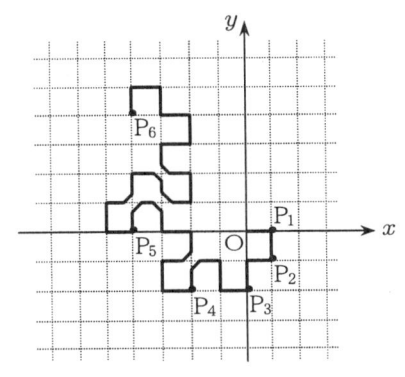

図から，$1 \leq n \leq 6$ のとき，

a_n の最大値は　$n = 1, 2$ のとき　　1
　最小値は　$n = 5, 6$ のとき　　-4
b_n の最大値は　$n = 6$ のとき　　4
　最小値は　$n = 3, 4$ のとき　　-2

したがって，
エ．1，オ．-4，カ．4，キ．-2 [答]

7. 倍増問題

（i） 銭1円，日に日に2倍の事

■**試問 17**■ 1日目は1円，2日目は2円，3日目は4円，……というように，前日の2倍の金額を毎日貯金してゆくとき，貯金総額が初めて1000億円以上となるのは何日目か．ただし，$2^{3.32} < 10 < 2^{3.33}$ である．

埼玉大．（教．経）．

ヒント この種の問題は**倍増問題**と云います．幾何（等比）級数であることから日々の値が日数が立つにしたがって驚異的に増加する性質をもつため予測と実際との間に錯覚を生じ易く，その意外性は面白さを含むと同時に適用するときには思わぬ結果を招くことになり注意を要します．

江戸時代の和算家である**吉田光由**は『塵劫記』（余談参照）の中で「**日に日に一倍の事**」と題して銭，米粒，大豆，芥子（けし）など微小なもの一つを日々一倍してゆくと30日目（約1ヶ月後）にどの位の量になるかを計算しています．ここで，「一倍」とは現在の2倍という意味です．また，芥子については120日間の総量を1辺100里の立方升で計ったらどうなるかを示しています．

試みに，与えられた問題を解く前に，答がおよそのくらいの日数かを予想して，自分の勘を試してみてください．ちょっとしたヒントとして，初日から10日間の貯金額とその総額を次に書いてみますと，

		貯金額	貯金総額
1日目	$2^0 =$	1 （円）	1 （円）
2日目	$2^1 =$	2	3
3日目	$2^2 =$	4	7
4日目	$2^3 =$	8	15
5日目	$2^4 =$	16	31
6日目	$2^5 =$	32	63
7日目	$2^6 =$	64	127
8日目	$2^7 =$	128	255

9日目	2^8 =	256		511
10日目	2^9 =	512		1023

になります．これから，
（a）10日間で僅か1023円だから貯金総額1000億円になるのは相当長期間を要する．
（b）10日間で最初の1023倍もの金額になるから貯金総額1000億円になるのにそんなに長期間は要しない．

とするとき，（a），（b）のどちらだと思いますか？ そして，具体的に日数を，例えば，半月位，1ヶ月位，半年位，1年位，……などのように凡その予測をして見て下さい．さて，
$$1000億 = 100,000,000,000 = 10^{11}$$
となります．従って，問題は
$$10^{11} \leq 1 + 2 + 2^2 + \cdots\cdots 2^{n-1}$$
を満たす最小の正の整数 n を求めることになります．右辺は初項1，公比2の等比数列の第 n 項までの和で，不等式は底2の対数を利用して解けばよい訳です．

余談

1.『塵劫記』は吉田光由（1598-1673）によって，寛永4年（1627）年に初版本が著されました．この本は明の程大位の『算法統宗』（万暦21年．1593）を真似たもので，日常必要な算術やソロバンの計算の仕方を述べたものです．題名の「塵」は非常に小さい数を「劫」は非常に大きな数のことを意味していて，実際に『塵劫記』では大数や小数の（位の）名称から始まっています．我が国は近世初頭より農業も次第に発展し生産力が増加したり，通貨制度の整備や交通の発達などによって商工業も盛んとなり，さらに，城下町の武士は消費生活者となって，幕臣はもとより士農工商のあらゆる階級で，納税，測地，求積，計量，両替，売買などの計算が日常生活で必要となりました．また，迅速かつ正確に計算するため算木などよりはるかに便利なソロバン（計算機）の使い方を知る必要も生じて寺子屋も盛んになりました．そして『塵劫記』は学び易さや差し絵による親しみ易さ，また数学的遊戯問題も含まれて面白さもあり多くの人々に読まれて江戸時代には重版，改定版，類似本が繰り返し多数出版されました．いうまでもなく，和紙，木版，製本の技術の普及がそれを支えていた訳です．

2． 明の程大位の『算法統綜』の問題には，「今或銭一文 日増一倍 増至三十日 問該若干」とあり，ここで，該は"相当する"で，若干は"いくら"の意です．これが『塵劫記』（寛永8年版）では次のようになっています．

　第三十七　日に日に一倍の事
　　銭一文を日に日に一倍にして，三十日になにほどになるぞといふ時に，
　　合五十三万六千八百七十貫九百十二文になるといふなり．
　　　　　…………………………
　ここで，文や貫は貨幣の単位で，
$$銭1貫 = 1,000 文$$
です．（しかし，実際には960文を1貫とすることもあったようです．）

　現在の言葉で述べると"銭1文を日々2倍していくと，30日目には幾らになるかと云う時，合計536870貫912文になる．"
　すなわち，
$$2^{29} = 536,870,912（文）$$
を計算した訳です．計算にはもちろんソロバンが使用されたことはいうまでもありません．ソロバンは現在の計算機とは比較になりませんが，当時としては大変便利な機械でした．また，現在ではこのような膨大な数や（また，極小の数）を計算するのに問題にあるように，対数が使用されますが，この対数の発見も計算をする上で偉大な貢献をしていることも理解してほしいものです．

　『塵劫記』は問題集ではなく，一種の教科書ですから，問題と解答という形式では書かれていません．前述のように"……といふ時に，……なり"の形式が一般的で説明調になっています．

3． 徳川家康は関ケ原の戦いの翌年1601年に金座や銀座を設置し，金貨や銀貨を鋳造・発行しました．続いて1606年に銅貨の慶長通宝を発行して，この三貨を正貨とする全国統一の貨幣体制をつくりましたが，銅貨は依然として室町時代に中国の明から大量に輸入された永楽銭が流行し混乱を招いたため，1636年（寛永13年）最初は江戸の芝と近江の坂本の2ケ所に銭座を設け，その後全国8ケ所にに増設して大量に**寛永通宝**を発行することにより貨幣経済体制を次第に確立していきました．

　寛永通宝の素材は銅・鉄・真鍮などが使用され，下図のように直径約2.4 cmの円形で中央に方形の穴があり，この穴に麻紐を通して100文，300文，1000

文にまとめられました．1文は「1文無し」などと言われるように極めて僅かな銭でした．したがって，こんな僅かな銭でも日に日に2倍すると30日には莫大な額になることを示す一例とされた

寛永通宝一文銭

元禄15年の交換比率
金1両
＝銀60匁
＝銭6貫文
（＝銭6000文）
（三貨の質により変動）

のです．この1文銭は足袋や靴の大きさの単位としても利用されてきました．即ち，9文の靴は1文銭を9枚並べた長さ（2.4×9 cm）となります．

4． 等比数列の問題は，現存する世界最古の数学書でアーメスパピルスと呼ばれる書に記されています．このアーメスパピルスは紀元前1650年頃神官アーメス（Ahmes）が約200年前の国王アメネハットⅢ世（在位．B.C.1849-1801）の時代に書かれた古書を筆写したもので，上エジプトに属したテーベの廃墟から18世紀に探検家によって発見されました．このパピルスを1877年にドイツの考古学者アイゼンロールが苦心の末に解読しましたが，その後イギリスのエジプト学者ヘンリー・リンドの所有となり，現在は大英博物館蔵となっています．

表題に，この書は"正確な計算，存在するすべてのものおよび暗黒なるすべてのものを知識へ導く指針である．"と記されています．

さて，等比数列を扱った次の2つの記述があります．

1	2801	家	7
2	5602	猫	49
4	11204	鼠	343
和	19607	小麦	2401
		桝	16807
		和	19607

パピルスにはこの記述以外に説明がなく後世の学者には，この記述は，2つとも

「初項が7で，公比が7の等比数列の第5項までの和は19607となる．」ことを示していると解釈されています．すなわち，

左の場合： $7+7^2+7^3+7^4+7^5$

$$= 7(1+7+7^2+7^3+7^4) = 7 \times 2801 = (1+2+4) \times 2801$$

これから，

1	$(\times 2801=)$	2081
2	$(\times 2801=)$	5602
4	$(\times 2801=)$	11204
和		19607

右の場合：

　数値の部分は明らかに $7, 7^2, \cdots, 7^5$ を計算して和を求めたものですが，その単位はすべて異なります．家，猫，……，桝の関係はどうなっているのかについての解釈，つまり文章化は後世の数学者の頭を悩ませました．結局，次のような説明に留まっています

「7軒の家に，それぞれ7匹の猫がいる．それぞれの猫は7匹の鼠を食べる．それぞれの鼠は7本の小麦の穂を食べる．それぞれの穂から7桝の小麦が取れる．このとき，これらのものからできる数列とその和を求めよ．」の意で，家，猫，……，桝は単なる興味を与えるものとして考え単位の異なるものを加えていることについては考えていないと云うものです．

　ところが，13世紀にレオナルド・ダ・ピサ（別名：フィボナッチ）も著書『算盤の書』(1202) に次のような同種の問題を取り上げています．

「7人の貴婦人がローマへ旅行した．それぞれ7頭のラバを連れ，それぞれのラバは7個の袋を荷ない，それぞれの袋には7個のパンが入れてあり，それぞれのパンには7挺のナイフがあり，それぞれのナイフには7本の鞘がある．このとき，すべての名指されたものの和はいくらか」

　この場合も貴婦人，ラバ，……，鞘の数の総和を求めるものになっています．

◀ 解 答 ▶

　n 日目までの貯金総額は，

$$1+2+2^2+\cdots+2^{n-1} = 2^n - 1 \quad \cdots ①$$

また，

$$1000 \text{億} = 10^{11}$$

ここで，

$$2^{3.32} < 10 < 2^{3.33}$$

辺々11乗すると，
$$2^{3.32 \times 11} < 10^{11} < 2^{3.33 \times 11}$$
$$\therefore \quad 2^{36.52} < 10^{11} < 2^{36.63}$$
これから，
$$2^{36.52} - 1 < 10^{11} \leqq 2^{37} - 1 \quad \cdots ②$$
①，②から，
$$10^{11} \leqq 2^n - 1$$
を満たす最少の正整数値 n は 37 である．
$$\therefore \quad \textbf{37 日目} \qquad \textbf{[答]}$$
この結果から，約1ヶ月と1週間で1円が1000億円以上となります．予想は当たりましたか．

（参考）
$$2^{36} - 1 = 68{,}719{,}476{,}735$$
$$2^{37} - 1 = 137{,}438{,}953{,}471$$

(ⅱ) 米1粒，将棋盤のマスに次々2倍の事

■ 試問 18 ■ 将棋盤のマスの数は，全部で $9^2=81$ 個である．そのうちの1つに米粒を1つ置き，その次のマス目に米粒を2つ置く．さらにその次のマス目にその2倍の4つ，その次のマス目にその2倍の8つ，…というふうに，倍々につぎつぎに置いていくとする．

(1) 81のマス目すべてに，そのようにして米粒を置いたとき．その米粒の総数は，10進数で何ケタの数であるか．また，一番高いケタの数字は何か．$\log_{10}2=0.3010$, $\log_{10}3=0.4771$ として求めよ．

(2) 地球上全体での米の収穫量は，年間約4億トンという．また，米粒50個で，約1グラムになるとする（1トン＝10^6グラム）．このとき，(1)で求めた米粒の総量は，地球全体の約何年分の収穫量であるか．有効数字1ケタで答えよ．

明治大．（商）

ヒント この問題が**倍増問題**であることは前回に述べた通りです．『塵劫記』では「日に日に一倍の事」で2番目に米粒が取り上げられており，"米一粒を毎日2倍して30日目には536,870,912粒となり，1升を6万粒とすれば合計89石4斗7升8合4勺8抄5撮3圭3粟となる．" と計算されています．

ここで使用されている糧（穀類）の単位名は，書の初めの部分に次のように示してあります．第三　一石より内の小かず名の事

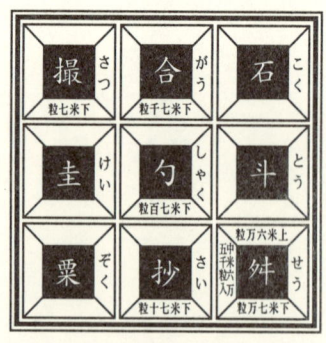

撮 さつ 粒七米下	合 がう 粒千七米下	石 こく
圭 けい	勺 しゃく 粒百七米下	斗 とう
粟 ぞく	抄 さい 粒十七米下	舛 せう 粒万六米上 五中米粒六万 入下

1舛（升）は
上米六万粒
中米六万五千粒
下米七万粒
と記されています．

そして，量の位は10進法によって，

1石＝10斗，　　1斗＝10舛　　1舛＝10合，　　1合＝10勺
1勺＝10抄，　　1抄＝10撮　　1撮＝10圭　　 1圭＝ 6粟

（ここで，舛は升と同じことです．）
となっています．したがって，粟が最小単位ですが，1粟が何粒になるかは上の表によると米の質によって，上，中，下の3ランクに分かれてそれぞれ 1/100 粒の単位となり，

上米は 0.06 粒，中米は 0.065 粒，下米は 0.07 粒となることになります．

したがって，1升6万粒は上米のことをいっている訳です．**尺貫法とメートル法**の関係は，1升≒1.5Kgとなり，1gの米粒数は

上米：60,000粒÷1,500g＝40粒
中米：65,000粒÷1,500g≒43粒
下米：70,000粒÷1,500g≒47粒

となります．したがって，どのランクの米でも50粒あれば1gはあることが分かり，問題（2）ではこの数値が採用されています．

与えられた問題では，日数の代わりに将棋盤という遊具のマス目の数が使用されているところに洒落と話題性（余談参照）があります．

『塵劫記』の例から計算すると30番目のマス目だけで，約10.7トンになり81のマス目全体の総量を予想するのはそう簡単ではないような気がします．

そこで，実際に与えられた問題を計算で解いてみよう．

(1) は，等比数列の和を求めて，そのケタ数は対数の性質を用いる基本問題です．

(2) は，(1) で求めた関係式をトン数に直して不等式の計算をすることになります．

解答を地球全体の収穫量の何世紀分かを考えて見て下さい．驚くべき結果となります．

余談

1．倍増問題では，最初の数が1のとき，n番目の数を $f(n)$ とすれば，$f(n) = 2^{n-1}$ となりますから n の指数関数です．

そこで，n番目の数の決め方を別の方法に変えて比べて見ましょう．

(1) 最初の数が1のとき，n番目はnの2倍の数とすれば，その数 $f_1(n)$ は，$f_1(n) = 2n$ で n の1次関数となります．

(2) 最初の数が1のとき，n番目はnの2乗の数とすれば，その数 $f_2(n)$ は，$f_2(n) = n^2$ で n の2次関数となります．

これらの3つの関数を用いるとき，将棋盤上の最後（81番目）のマス目の数をケタ数によって比較してみると，次のようになります．

1次関数： $f_1(81) = 2 \times 81$ は3ケタの数
2次関数： $f_2(81) = 81^2$ は4ケタの数
指数関数： $f(81) = 2^{80}$ は25ケタの数

　これから，指数関数は1次や2次関数と比較すると驚異的に増加することが分かります．したがって，サラ金やネズミ講などに悪用すれば計り知れない被害を受け，貯金などに適用されるときには逆に利益を得ることとなります．

2．将棋の起源については，はっきりしたことは分からないようですが，B.C.3世紀頃に古代インドで誕生（次の3.参照）し6世紀頃ペルシャ（イラン）に伝わり西洋将棋の原型ができて，それがシルクロードを経て中国へ入り中国将棋に変形し，日本へは奈良時代に遣唐使として2回唐へ留学していた**吉備真備**（695-775）が帰国に際し1回目には囲碁を，2回目（745）には，将棋を伝えたとする説がありますが，それ以前にすでに伝わっていたとする説もあります．

　将棋は日本に伝来以来，駒もルールも種々と工夫され変遷していることが各時代の書籍の中に記述されています．現行の将棋のルールとなったのは室町時代から江戸時代にかけてのようです．また，**織田信長**，**豊臣秀吉**，**徳川家康**などが将棋師に禄を与えて保護奨励したため，武士，庶民を問わず公認の遊戯として人々に大変愛好され普及しました．江戸時代には将棋所が設置され司は名人位となり，次第に全国規模の段位の基準も確立されました．

　豊臣秀吉は伏見城の桜花のもとで，将棋盤を描き小姓や腰元たちを駒に仕立てて人間将棋を楽しんだとさえ云われています．

3．将棋の発祥の地インドに，王がその発明者に褒美を与えようとした時の話として，次の伝説が残っています．

　ラジャ・バルハイト王は婆羅門の賢者シッサに高度の知恵を必要とする面白いゲームを作るように言われた．そこで，シッサは"戦争"をモデルとし，当時のインドの軍隊の構成，すなわち，4つの隊である像隊，騎兵隊，戦車隊（＝馬牽二輪車），歩兵隊と王を駒にして，4王が攻防する4人ゲームの将棋（チャトランガ）を考案しました．この将棋に王は大変感激して一式を神殿に奉納し，シッサには褒美を与えることとし，何を望むか尋ねられました．

　シッサの望みは，「この将棋盤の最初のマス目に1粒の麦を，次のマス目に2倍の2粒の麦を，その次のマス目にはその2倍の4粒の麦を，……この方法で

将棋盤全部の64のマス目全部を尽くすまでの麦を下さい。」と云うものでした。王は余りにも欲のない，小さな望みと思い，承知をしました。ところが，いざ実行の段になるとシッサの望にとても添えないことを知り，結局，謝ったと云う内容です。シッサは王が破産することも，また，戴いたとしてもその麦の保管も不可能であることを知っていたようです。

インドの将棋（チャトランガ）

（参考：『将棋Ⅰ』増川宏一著．法政大出版局．1977．）

4． 類似の話は日本にもあります。**豊臣秀吉**（1537-1598）の御伽衆（お話相手をする人々）の1人に泉州堺の鞘師（さやし:刀のさやを作る職人）の**曽呂利新左衛門**（?-1603）がいました。本名は坂内宗拾と云われ優秀な技術を持ち，彼の作る鞘は刀がソリと合うことからこの異名で呼ばれたと云うことです。また，鞘師としての腕だけでなくおどけ話や狂歌の名手として江戸時代の随筆に伝えられています。機知に富み話上手で，常に秀吉のそばに仕え当意即妙な面白い洒落でご機嫌を取り大変恩寵を受けました。そして，しばしば褒美を貰ったようです。

あるとき，秀吉が新左衛門に褒美を与えるが何が欲しいかを尋ねると，新左衛門は，

「今日は米1粒を下さい。そして，明日からは前日の2倍づつ1ケ月の間下さい。1粒，2粒と日々戴くのは面倒ですから1ケ月後にまとめて戴きたい。」と望み，秀吉も「何だその位の望みか」と簡単に承知しました。1ケ月後に勘定役が計算を始めると数がどんどん大きくなり到底数え切れず，新左衛門の機知がまたまた秀吉を感心させたと云うことです。

豊臣秀吉
秀吉と新左衛門との機知に富む応酬は講談や滑稽談としても語られ庶民に親しまれました。

前記のインドの王の褒美の伝説と似た内容ですが出所不明で，また伝えられる書物によっては日数が畳数であったり，米粒が銭と変わったりしています。

7. 倍増問題

『甲子夜話』という書の中に，秀吉が1つの紙袋に入るものを与えると云うことで新左衛門は米倉まるごと頂戴しようと米倉が入るような大きな紙袋を作ろうとして連日その袋作りに専念した逸話があり，あるいはそれが変形されたのかもしれません．

◀解 答▶

(1) 将棋盤に置く米粒の和を S とする．
$$S = 1 + 2 + 2^2 + \cdots + 2^{80} = 2^{81} - 1$$
$$\therefore \quad S + 1 = 2^{81}$$

両辺それぞれ常用対数をとると，
$$\log_{10}(S+1) = 81\log_{10} 2 = 81 \times 0.3010 = 24.3810 = \log_{10} 10^{24.3810}$$
$$\therefore \quad S + 1 = 10^{24.3810} = 10^{0.3810} \times 10^{24}$$

ここで，
$$\log_{10} 2 = 0.3010, \quad \log_{10} 3 = 0.4771$$
$$\therefore \quad 2 = 10^{0.3010}, \quad 3 = 10^{0.4771}$$

よって，
$$10^{0.3010} < 10^{0.3810} < 10^{0.4771}$$
$$\therefore \quad 2 \times 10^{24} < S + 1 < 3 \times 10^{24}$$

ゆえに，総数は25ケタで，一番高いケタの数字は2である． [答]

(2) 4億トンの米粒の個数を計算すると，
$$4億 (t) = 4 \times 10^8 \ (t)$$
$$= (4 \times 10^8) \times 10^6 \ (g)$$
$$= 4 \times 10^{14} \times 50 \ (粒)$$
$$= 2 \times 10^{16} \ (粒)$$

から，
$$\frac{2 \times 10^{24}}{2 \times 10^{16}} < \frac{S+1}{2 \times 10^{16}} < \frac{3 \times 10^{24}}{2 \times 10^{16}}$$
$$\therefore \quad 10^8 < \frac{S+1}{2 \times 10^{16}} < \frac{3}{2} \times 10^8$$

よって，有効数字1ケタで答えると，年間の地球全体の収穫量の約 1×10^8 年分である． [答]

これは，1億年分ですので100万世紀分となります．

(ⅲ) 紙一枚を次々2等分して積み重ねの事

試問 19 一辺の長さが1m，厚さ0.2mmの正方形の紙がある．これを縦に2等分し，それをまた，横に2等分，さらに縦に2等分，……，という行程を何回も繰り返す．このようにして，縦，横交互に，毎回ごとに紙片をすべて同じ大きさに2分割していく．

(1) すべての紙片を積み重ねた高さが10mを越すには，この2等分する行程を最低何回繰り返せばよいか．

(2) また，そのときの紙片の大きさをmm単位で答えよ．（小数点以下第1位を四捨五入せよ．）（注：(1)，(2)について$\log_{10} 2 = 0.301$として計算せよ．）

福岡女子大．（家政）．

ヒント (1) 正方形の紙を縦，横に順々に2分割して同じ大きさに切っていくと，紙片は繰り返す度に総数が2倍に増えていき，それを積み重ねると高さは，

$$（1枚の厚さ）\times（紙片の総数） \qquad \cdots\cdots\cdots\cdots *$$

より，毎回2倍となり**倍増問題**であることが分ります．倍増問題は指数関数より指数の1当りの変化に伴う値の変化は指数が大きくなるにしたがって急激に増していくことは前2回の問題で実際に銭や米粒の例で確かめた通りです．

『塵却記』には，銭や米粒などの他に「**ねずみ算の事**」（余談参照）としてねずみの繁殖力やその被害の大きさなどを扱った一つの項目があります．後世，この種の（指数関数的な）増加はネズミの増加の様子に喩えられてこの問題であれば"**積み重ねた紙片の高さはネズミ算式に高くなる．**"と云います．（余談参照）

問題では，*式は紙の厚さと積み重ねた高さの単位が異なっていますから，換算によって単位を揃えることを要す．それは，

$$1m = 10^2 cm, \quad 1cm = 10mm$$

の関係から容易です．

(2) 2分割を繰り返すとき，奇数回目は縦，横の比が2：1の長方形，偶数回目は正方形になることに注目します．

そしてn回の2分割を繰り返すとき，紙片の総枚数は2^n枚となりますが，それらの紙片の面積の和は常に1m²となっています．したがって，そのとき，1枚の紙片の面積は$1/2^n$m²となります．これからnが奇数か，偶数かで大きさ（縦，横の長さ）が決まります．

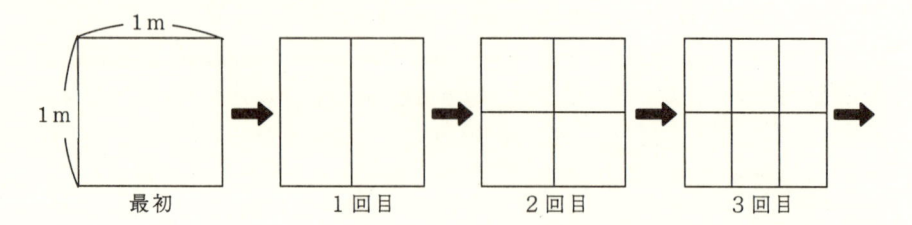

7. 倍増問題

ところで，この問題で紙片の2分割を繰り返して積み重ねる操作を限りなく続けると高さも限りなく高くなります．そこで，富士山（3776m）の高さを越すには何回この操作を行なえばよいか．またそのときの紙片の大きさはどうなるかを，次のことを参考に考えてみて下さい．

$$2^{24} < 3776 \times 10^3 < 2^{25}$$

紙片の大きさがどんどん小さくなり，現実に2分割の操作が可能かと云うことが気になりますが，ここでは可能と仮定して下さい．

余談

1. 『塵却記』の"ねずみ算の事"では，

　正月に，ねずみ，父母出でて，子を十二匹生む．親ともに十四匹になる成り．此のねずみ，二月には，子もまた子を十二匹づゝ生むゆえに，親ともに九十八匹に成る．かくのごとく，月に一度づゝ，親も子も孫も曽孫も，月々に十二匹づゝ生む時，十二月の間に，なに程に成ぞといふ時に，

　　合　二百七十六億八千二百五十七万四千四百二匹に成るなり．

とあり，月ごとの親と子の数が右図のように示されています．その求め方については，

　法に，ねずみ二匹に七を十二たび掛くれば，

　右（前記）のねずみの高と知るべし．

となっています．

　すなわち，以上のことを現代式に云うと，

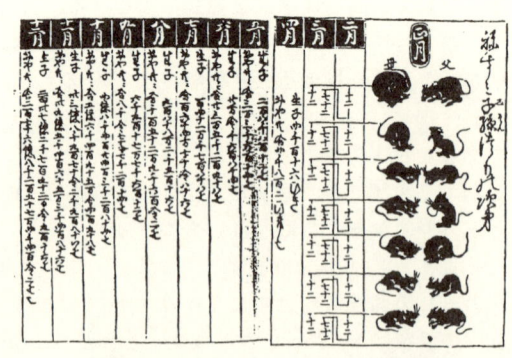

　　正月に，ねずみの父母が出て子を12匹生むとき，親子で14匹になる．12

『塵却記』第三十六ねずみ算の事

匹の子は2匹ずつ6ペアを作り親とで7ペアとなる．2月には，この7ペアが1ペアにつき，正月と同様に7ペアに増えるから，合計$7 \times 7 = 7^2$ペアができて，$2 \times 7^2 = 98$匹となる．以下同様にして，親，子，孫，曽孫，……が月1回12匹ずつ生むと，12月の間には，合計7^{12}のペアとなるから，その総計は，
$$2 \times 7^{12} = 27,682,574,402 （匹）$$
となる．と云うことです．

続いて，これらのねずみが1日に米を半合ずつ食べる勘定で1日にどれほどの量になるかを計算すると，
$$千三百八十四万千二百八十七石二斗一合$$
となることが示され，さらに，これらのねずみが順々に尾に喰いついて連なり，海を渡ると云うとき，ねずみの長さを4寸とすれば，全長が
$$七十八万八千六百五十四里二十間八寸$$
になると計算の結果を示してあります．

2．かって，小学校の算術に《ネズミ算》と云う応用問題があり大変難問とされていました．

次の図は，昭和12年文部省発行の緑表紙の教科書，『尋常小学算術　第二学年下』（児童用．P.2）に載っている1ページです．緑表紙の教科書は当時画期的な教科書として多くの関係者から注目されたと云われています．

ネズミ　ガ　ニヒキ　キマシタ．アル日，ナカマ　ガ　ニヒキ　来マシタ．ツギ　ノ　日　ニ　四ヒキ　来マシタ．三日目　ニ　マタ　ナカマ　ガ　来テ，ネズミ　ノ　カズ　ハ，前ノ　日　ノ　ニバイ　ニ　ナリマシタ．四日目　ニ　マタ　ナカマ　ガ　来テ，ネズミ　ノ　カズ　ハ，前　ノ　日　ノ　ニバイ　ニ　ナリマシタ．

ネズミ　ハ，何ビキ　ニ　ナッタ　デセウ．

内容を式で示すと次のようです

	ネズミの数
最　初	2
ある日	$2 + 2 = 2 \times 2$
次の日	$4 + 4 = 4 \times 2$
3日目	8×2
4日目	16×2

日に日に2倍となります

$$(2^5 = 32 匹)$$

ここでの学習のねらいは，
$$（同じ数を2回足すこと）=（その数）×2$$
を理解することです．小学2年生ですから，例はネズミの繁殖ではなく仲間が増える問題にしてあります．

3．ネズミ算の悪用

　ネズミ算を悪用した例にマルチ商法（多階層販売方式）やネズミ講などがあります．

　現在，ネズミ講は「無限連鎖講防止法」で禁止されています．かって，無知な高校生が誘われ遊び感覚で参加して多数が逮捕されたこともあります．その手口は，次のような最も素朴な"ラッキーチャンス"と云うもので，

　ある人（No.0）から出発し，言葉巧みに儲け話しをもちかけ図のように1人が2人ずつ次々に勧誘してNo.8の人の段階まで進みます．

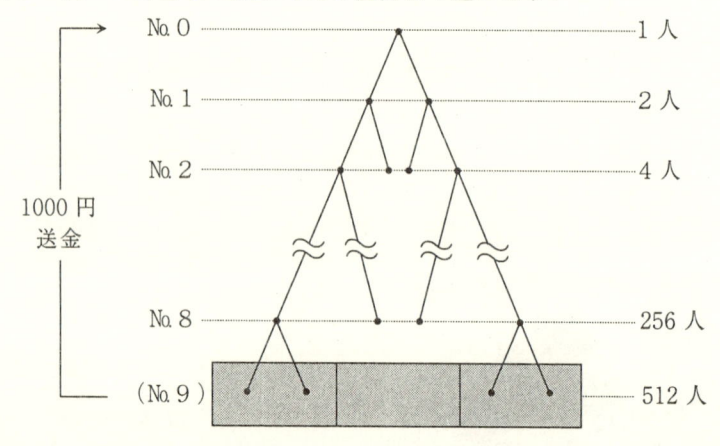

```
                No.0 ────────── 1人
                No.1 ────────── 2人
                No.2 ────────── 4人
1000円
送金
                No.8 ────────── 256人
               (No.9)────────── 512人
```

　このとき，各勧誘者は自分の氏名と住所を順々に記入したメンバー表を勧誘した2人の新メンバーに引き継いでいきます．

　さて，No.8の人は次のNo.9に当たる2人を（例えば，）1000円の会費で大儲けが出来ると話を持ちかけ勧誘します．そして，新メンバーは会費1000円をNo.0に送金して，メンバー表からNo.0の会員の氏名と住所を除きNo.を繰り上げNo.8に自分の住所と氏名を書き次の会員2人を勧誘して渡す．以後No.8のメンバーがこの手順を繰り返すとNo.0の会員には$2^8 \times 10^3 = 512,000$（円）が送金

されてくる仕組で，各会員は自分がNo.0に繰り上がるチャンスを待つと云うわけです．しかし，ネズミ講がいずれ破綻することは2^{27}で1億3,000万を越えて，上の例えで言えば29段階で日本の総人口を越えることになります．

4． ネズミは地球上で年中氷で閉ざされた南極大陸を除くすべての陸地に棲息し，その種も1800種に近いとも云われ個体数は哺乳類の中では断然突出して多く，人類がそれに次ぐだろうと云われています．雑食性で歯が丈夫で堅い物でも噛ことが可能，繁殖力も高く，陸地はもちろんのこと，水中，地中，樹上など空中を除くあらゆる環境に適応できる柔軟性があります．日本に住む種はratのドブネズミやクマネズミ，mauseのハツカネズミなどのイエネズミにvoleのハタネズミが多いとされています．イエネズミは人家などに住み着き人間に寄生的で大きな害をもたらします．例えば，ドブネズミは下水，溝と人家を往来し，クマネズミは木登りが得意で天井裏などに入り込み，また，ハツカネズミは穀物や野菜を好みます．さらに，ハタネズミは畑や山野で作物や樹木を荒らすことは云うまでもありません．しかし，人間にとって無益な存在だけではなく生物学，医学，遺伝学などの研究では欠くことのできない実験動物で大量のネズミが使用され貢献もしています．

イエネズミ：(左) ドブネズミ．(中) ハツカネズミ　(右) クマネズミ．
大きさ，尾の長さなど比較してみてください．

『塵却記』が世にでた頃には，ネズミの生態は当然分かっていません．現在では，いろいろなことが分かってきています．クマネズミの場合，大体1年に6,7回出産して，1回の子の数は6〜8匹，多いときは18匹位のこともあります．そして，子は生後2カ月半〜3カ月で親になり得るとされます．また，平均寿命は2〜3年です．ハツカネズミの場合は，年4〜6回出産し，1回に4〜8匹の子を生み，最長4年の寿命です．

したがって『塵却記』にあるように毎月子を生むのは無理ですが，

7. 倍増問題

　1ペアの父母が1回に6匹の子を生み，年に6回出産すると仮定すると，最初，1ペアであったネズミは1年の間に，
$$2 \times 4^6 = 8192 \text{ （匹）}$$
となります．1匹のハタネズミは年14kg植物を消費すると約8,000匹のハタネズミは112tの植物を食します．自然界では猫，蛇，鳥，……などの天敵や病死などによる調節作用もありすべてが育つ訳ではありません．しかし，過去においてネズミの異常発生で人間が大被害を受けた例は日本をはじめ世界各地に残っています．

◀ 解 答 ▶

（1）n 回目の紙片の枚数は 2^n となる．この紙片を重ねた高さを a_n とすると，
$$a_n = 0.2 \times 2^n = 2^{n+1} \cdot 10^{-1}$$
また，10m＝10^4mm だから
$$10^4 < a_n \text{ から } 10^4 < 2^{n+1} \cdot 10^{-1}$$
$$\therefore \ 10^5 < 2^{n+1}$$
両辺常用対数を取ると，
$$5 < (n+1)\log_{10} 2 \qquad \frac{5}{\log_{10} 2} - 1 < n$$
$\log_{10} 2 = 0.301$　より　　15.6……＜n　　∴ **16 回**　　［答］

〈別解〉$2^{16} < 10^5 < 2^{17}$ を利用．

（2）（1）より16は偶数だから最後は正方形であり，最初からは8番目の正方形となるから一辺は，
$$\left(\frac{1}{2}\right)^8 \text{m となる．} \qquad \left(\frac{1}{2}\right)^8 \times 10^3 = 5^3 \times \frac{1}{2^5} = 3.9 \cdots$$
よって，　　　　　　一辺は **4mm の正方形**．　　　［答］
富士山を最初に越えるのは，
$$2^{24} < 3776 \times 10^3 < 2^{25}$$
から，　　　$n+1 = 25$　　　　　∴ $n =$ **24 回**　　［答］

$n = 24$ から最初から12番目の正方形
$$\left(\frac{1}{2}\right)^{12} \times 10^3 = 5^3 \times \frac{1}{512}$$
$$= 0.24 \cdots \qquad \therefore \ \textbf{0.2mm} \qquad \text{［答］}$$

（iv） バラモンの塔　（一名．ハノイの塔）

■ **試問 20** ■　板の上に3本の釘A，B，Cがうちつけてあり，また，釘の通るような穴をあけた大きさの違う円板がn枚ある．はじめ，図に示すように，n枚の円板を下から大きさの順に釘Aに通しておく．

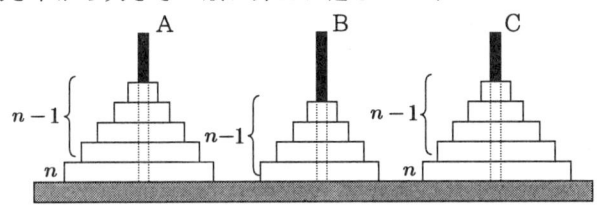

いま，この円板を，次のルールで移しかえることを考えよう．

（ⅰ）円板は，1回に1枚ずつ移す．
（ⅱ）AからBへ，AからCへ，BからAへというように，円板を任意の釘に移してよい．
（ⅲ）小さい円板の上に大きい円板を重ねてはならない．

このようなルールで，Aのn枚の円板を，全部Cに移しかえるのに要する最小の回数をa_nとする．

(1) $a_2 = 3$であることは容易にわかる．a_3を求めなさい．図に示すように，Aのn枚を最小の回数でCに移し終えるには，まず，Aの$n-1$枚を全部Bに移し，次に，Aに残った最下段の円板をCに移したあと，Bにある$n-1$枚を全部Cに移せばよい．

(2) このことから，a_nとa_{n-1}との間にどんな関係の成り立つことがわかりますか．

(3) a_nを求めなさい．　　　　　　　　　　　　　　都留文科大．（文）．

この問題は古代インドのベナレス（Benares），現在はバラナシ（Varanasi）とも呼ばれている，のバラモン教の大寺院を舞台としてフランスのE・リュカが創作したパズルバラモンの塔（"The tower of Baraham"）と云われている問題です．ところが，リュカ自身は，どんな理由によるのか分かりませんがこの問題をハノイの塔（"The tower of Hanoi"）とヴェトナムの地名を用いており，我が国では，この名称が一般的に使用されています．（余談参照）

7. 倍増問題

ヒント (1) a_1 のときはAにある1個をCへ移せばようから明らかに $a_1 = 1$ です．

a_2 のとき，
第1回目AからBへ．
第2回目AからCへ．
第3回目BからCへ．
　　　　(完成)
図示して見ると，右のようになります．
　以上から，$a_2 = 3$ となります．

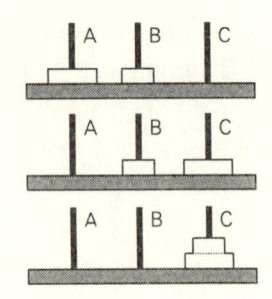

a_3 のときも同様にして，比較的容易に求まります．ここで，一般に円板が n 枚のときはどうなるかが最後の(3)の問です．それには，

1. $a_1, a_2, a_3, \cdots$ から，規則性を見つけて帰納的に考える．
2. a_n, a_{n-1} の手順の関係に注目する．

等の方法がありますが，ここでは，2．で解くように(1)の下にヒントが示されています．つまり，

(ア)　Aの $n-1$ 枚を全部Bへ移す．
(イ)　Aに残った最下段の1枚をCへ移す．
(ウ)　Bにある $n-1$ 枚を全部Cへ移す．

この3つの過程に分析でき，全体の手数はこれらの過程を経る手数の和となることを云っているのです．a_3 を求めるとき，このことを確認して欲しいものです．(3)は(2)の漸化式を解くだけのことです．1．の帰納的な方法による場合には，数列 a_n を考え，

n	1	2	3	$\cdots$
a_n	1	3	*	$\cdots$

から，一般項 a_n を n の式で表現すればよい訳です．*は(1)で求めた値です．

余談

1． 19世紀末フランスの数学者リュカ（Edouard Lucas・1842-1891）は『娯楽数学』（Rècrèations Mathèmatiques.Vol.Ⅲ）に，次の内容のパズル問題を発表しました．

問題． クロー教授が有名なフェル・フェル・タム・タムの著書を出版する用件で旅をしたとき，ベナレスの大寺院を訪れた．この大寺院には世界の中心を示

すドームがあり，その中には真鍮板の上に高さが1キュビット，太さは密蜂の胴体と同じ位のダイヤモンドの棒が立てられていた．

　創世時に，神は純金の64枚の円板を三本の棒の一つにはめ込んで置かれた．これが神聖なブラマーの塔(＝バラモンの塔)である．

　神ブラマーは僧侶たちに，次のような戒律と義務を課した．"汝等は交替で昼夜の別なく祭壇に来て，これらの円板を移し変えよ．ただし，一度に一枚ずつ動かし，小さい円板の上に決して大きい円板を置いてはいけない．一刻でもこの事を怠るならばそのときは世界の終わりで，寺もバラモン教徒もたちまち灰燼に帰す．怠ることなければ汝等が移し終わるまで，この世は太平無事である．"そこで，僧侶たちはこの戒律に従い．最初のダイヤモンドの棒にはめ込まれた純金の円板を第三番目の棒へ移し変えることに没頭し続けた．

　さて最小何回の移動で完了するだろう．と云うものですが，このパズルでリュカは問題の構成や内容にいろいろな工夫をしています．

　先ず，クロー(Claus)教授はリュカ(Lucas)のスペルを並び変えた名前で自分自身を示したもののようです．また，フェル・フェル・タム・タム(Fer-Fer-Tam-Tam)はフェルマ(Fermat)のFerとmatを逆順にして作られた名前と云われています．そして，時代(創世時)，場所の設定(世界の中心地)，塔の置かれた真鍮板(地球は平らとされていた時代の話)，量の表現(キュービット，密蜂の胴体)などバラモン教の宗教観や世界観また該当時代の表現に工夫がされています．すなわち，ベレナスはインド北部のガンジス河畔に実在(前図)するヒンズー教の聖都であり，神ブラマーは梵天で一切衆生の父とされ，したがって世界の創造者と考えられたようです．解答も結果の数値を示せば，

18446744073709551615 回

となり，仮に，1秒に1回移動し，1年を365.25日とすれば，完了まで約6,000億年かかることになります．宇宙の年齢が150～200億年，地球が約50億年，

インドのバラモンの塔はヴェトナムのハノイの塔と変わっています．

人類は誕生から約200万年位との推定もありますが，それにしても，この値は驚異的で，完了までに地球は消滅し灰塵に帰する可能性も十分考えられます．

式を提示しなかったのは，今回の問題の解と重なるからです．しかし，読者で立式し（i），（ii）の問題で扱った式と比較して見て下さい．

2．バラモンの塔の問題も，いろいろ変形されています．次の入試問題はその原型を残した形での変形問題となっています．

問題1．

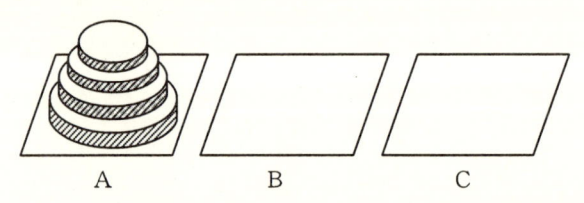

A　　B　　C

上の図のように3つの場所A，B，Cがあり，Aにn枚の円板が積まれていて，円板は上のものほど小さくなっている．これらのn枚の円板をつぎの規則にしたがって移動させ，BまたはCのいずれか1か所に積みなおすことを考える．
（i）円板を移動させることができる場所はA，B，Cの3か所だけである．
（ii）1度に1枚の円板だけ動かすことができる．ただし，円板が重なっている場合は一番上のもの意外は動かせない．
（iii）1か所に2枚以上の円板をおくときはかならず積み重ねる．そのさい，大きい円板を小さい円板の上におくことはできない．

いま，Aのn枚の円板をBまたはCのいずれか1か所に積みなおすに要する最小の手数をa_nとするとき，つぎの問いに答えよ．
（1）a_nとa_{n-1}との関係式を求めよ．
（2）（1）で求めた関係式からa_nを求めよ．

岐阜大．（医・工）．

問題の内容は，本題のバラモンの塔の問題と同じですが，ヒントが示されていないからはじめて解く場合にはなかなかの難問となります．

ところで，この問題を利用したのが**コインの置き換えパズル**です．上の問題で，

A，B，Cの3つの場所を3つの入れ物とし，円板を大きさの異なるコイン（た

とえば500円, 10円, 100円, 5円, 50円, 1円＝大きさ順）として，これらがAの入れ物に積んであるのをBまたはCの入れ物に置き換えよと云う形式のものでよく見かける問題です．

現在使用されているコイン

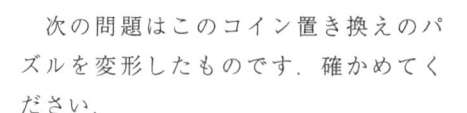

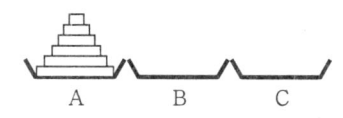

次の問題はこのコイン置き換えのパズルを変形したものです．確かめてください．

上の6種の硬貨の場合は最小63回でBまたはCへ移すことができます．

問題２．

同じ大きさの箱が横に3個並べてあり，その中の1つには，1から n（$n \geq 1$）までの相異なる番号のついた n 枚の札が入れてある．次の操作を繰り返すことによって，別の1つの箱に n 枚とも移したい．

[操作] 1つの箱の中で，1番小さい番号のついた札1枚を別の箱に移す．ただし，移そうとする札の番号より小さい番号の札が入っている箱には移すことはできない．

いま，n 枚の札全部を別の1つの箱に移し変えるために必要な操作の最少数を a_n とすれば，

$a_1 = \boxed{ア}$, $a_2 = \boxed{イ}$, $a_3 = \boxed{ウ}$ である．a_n と a_{n-1}（$n \geq 2$）との間には，関係式 $a_n = \boxed{エ} a_{n-1} + \boxed{オ}$ が成り立つ．よって，$a_n = \boxed{カ}$ である．

慶応大．（理工）．

内容は，バラモンの塔やコインの置き換えの問題と全く同じですが，パズル的な側面が薄れ数学的記述となっています．

◀解 答▶　(1) 右図のように，
(ア) 1.〜3. でAの2枚をBへ移す．
(イ) 4. でAの残った1枚をCへ移す．
(ウ) 5.〜最終. でBの2枚をCへ移す．
これらの移す回数の和が求めるもので，
$$a_3 = a_2 + 1 + a_2$$
$$= 3 + 1 + 3 = 7$$
　　∴　7回　　　[答]

(2) Aのn枚をCへ移すには，
(ア) Aの上部にある$n-1$枚を全部Bへ
　移す．その回数はa_{n-1}である．
(イ) Aに残った最下段の1枚をCへ移す．
　その回数は1回である．
(ウ) Bの$n-1$枚を全部Cへ移す．その回数はa_{n-1}回である．
よって，(ア), (イ), (ウ) から，
$$a_n = a_{n-1} + 1 + a_{n-1}$$
$$\therefore \quad \boldsymbol{a_n = 2a_{n-1} + 1} \quad\quad [答]$$

(3) (2) より，
$$a_n + 1 = 2(a_{n-1} + 1)$$
ここで，$a_1 = 1$だから，$a_1 + 1 = 2$
よって，数列$\{a_n + 1\}$は初項2，公比2の等比数列である．
$$\therefore \quad a_n + 1 = 2 \cdot 2^{n-1} = 2^n$$
$$\therefore \quad \boldsymbol{a_n = 2^n - 1} \quad\quad [答]$$

(註) nを次第に下げて，次のように計算してもよい．
$$a_n = 2a_{n-1} + 1$$
$$= 2(2a_{n-2} + 1) + 1$$
$$= 2^2 a_{n-2} + 2^1 + 1$$
$$= \cdots\cdots$$
$$= 2^{n-1} a_1 + 2^{n-2} + \cdots + 2^1 + 1$$
$$= 2^{n-1} + 2^{n-2} + \cdots + 2^1 + 1 \quad (\because a_1 = 1)$$
$$= 2^n - 1$$

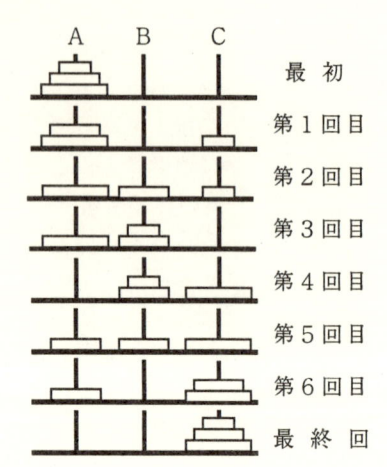

8. 取り尽くしの問題

日に日に残りの行程の1／3を進むと……

■ **試問21** ■ A地点からB地点に向かって，第1日目は全行程の1/3を進み，第2日目は残りの行程の 1/3 を進む．このように，毎日残った行程の 1/3 を進んで行くと，何日目に全行程の 49/50 を越えるか．($\log_{10} 2 = 0.301, \log_{10} 3 = 0.477$ として用いてよい．)

関西大．(法)．

ヒント 前4問では，有名な倍増問題からの出題と結果がその式と関係のある問題を見てきました．それらは，俗に《ネズミ算》と呼ばれる類の問題で，その特徴は，前の数に1より大きい数を次々に掛けていくと，生ずる数が急激に大きくなって行くことでした．ところで，前の数に，1より小さい正の数を次々に掛けて行くときは，生じる数は逆に限りなく小さくなって次第に0に近付きます．

今回の問題は，後者の場合となり前4問と異なってます．日々進む距離は次第に小さくなっても絶えず前日進んだ行程の残りの 1/3 を進むことから，A地点から進んだ距離は限りなく全行程の距離に近付きます．これから，全行程の 49/50 の地点はAとBの間にある地点ですから何日目かに必ず通過することになります．

問題で，全行程の距離は1としても結果は同じですので，その距離を1とすれば，日々進む距離は次の図の通りです．

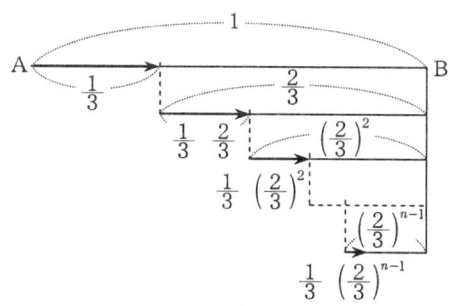

これから，n 日目までに進む距離は，

$$\frac{1}{3} + \frac{1}{3}\cdot\frac{2}{3} + \frac{1}{3}\cdot\left(\frac{2}{3}\right)^2 + \cdots + \frac{1}{3}\cdot\left(\frac{2}{3}\right)^{n-1}$$
$$= \frac{1}{3}\left\{1 + \frac{2}{3} + \left(\frac{2}{3}\right)^2 + \cdots + \left(\frac{2}{3}\right)^{n-1}\right\}$$
$$= 1 - \left(\frac{2}{3}\right)^n$$

となります．また，この式は漸化式を作り求めることもできます．すなわち，
　第 n 日目までに進む距離を a_n とすると，
$n \geqq 2$ のとき，
$$a_n = a_{n-1} + \frac{1}{3}(1 - a_{n-1})$$
から，
$$a_1 = \frac{1}{3}, \quad a_n - 1 = \frac{2}{3}(a_{n-1} - 1)$$
となりますから，
$$a_1 - 1 = -\frac{2}{3}$$
　よって，数列 $\{a_n - 1\}$ は，初項 $-\frac{2}{3}$，公比 $\frac{2}{3}$
の等比数列です．一般項を求めると，
$$a_n - 1 = -\frac{2}{3}\left(\frac{2}{3}\right)^{n-1} \quad \therefore \quad a_n = 1 - \left(\frac{2}{3}\right)^n$$
となります．後は不等式を作って解けばよい訳です．

　ところで，この問題には注目すべき内容が含まれています．気付いた人もあるかも知れません．その１つ目はアンダーラインの部分に関するもので，もし，前日に進んだ行程の 1/3 を次の日に進むとしたら<u>全行程の 49/50 の地点は越えられない</u>ことになります（余談.2.参照）．その２つ目は，この問題の場合でも何日かけても絶対に B 地点に辿り着くことは不可能です．何故なら，ある日の行程の余りが０になることはなく，日に日に余りが生じるからです．これはゼノンの運動の逆理（パラドックス）と同じことになります．しかし，B 地点に到着は出来ませんがその点に限りなく近付くことは可能ですから試しに全行程の 9999/10000 を越えるのは何日目かを求めて見て下さい．

余談

1．問題で，A 地点から進む距離は，進んだ余りが０とはなり得ないから，無限級数の和となり，次のようになります．
$$\frac{1}{3}\left\{1 + \frac{2}{3} + \left(\frac{2}{3}\right)^2 + \cdots + \left(\frac{2}{3}\right)^{n-1} + \cdots\right\} \qquad (1)$$

この和は公式によると,

$$\frac{1}{3} \cdot \frac{1}{1-\frac{2}{3}} = 1 \tag{2}$$

となり，全行程の距離と一致します．

これは，1の1/3を取り，次に残りの1/3取り，このように前回残った1/3を取ることを限りなく続けると1を次第に"取り尽し"て行き余りは0に近付き，したがって，取った総和は1に限りなく近づくことを表しています．

ヘレニズム時代の偉大な数学者**アルキメデス**（Archimedes：B.C.287?-212）の著『放物線の求積』の中に，この無限等比級数の和を求める考えが含まれています．この書の目的は最後に示されている次の命題を証明するものでした．

命題24．1つの直線と1つの放物線とに囲まれる任意の切片の面積は，同底等高の三角形の面積の4/3倍である．

ここで，切片とは放物線を直線で切り取った弓形図形のことです．

アルキメデスは右の図のように，放物線をその上にある点Pの接線に平行な直線Qqで切り取った切片の面積を求めました．

方法は，点R, rは放物線上にあり，RrがQqに平行で，また，RM, rmがともにPVに平行かつ点M, mはそれぞれQV, Vqの中点となるように各点を取ります．そして，

命題21．$\triangle \mathrm{PQ}q = 8\triangle \mathrm{PRQ}$ を証明しています．(註1)

この命題から，同様にして，

$$\triangle \mathrm{PQ}q = 8\triangle \mathrm{P}rq$$

ですから，この2式を辺々加えると，

$$\therefore \quad \triangle \mathrm{PQ}q = 4(\triangle \mathrm{PRQ} + \triangle \mathrm{P}rq)$$

となり，ここで，

$$\triangle \mathrm{PQ}q = \mathrm{A}, \quad \triangle \mathrm{PQR} + \triangle \mathrm{P}qr = \mathrm{B}$$

とおくと，A=4Bと表せます．

次に．弦QR, RP, Pr, rqについて上と同様の方法で，放物線上に点S, W, w, sを取れば，

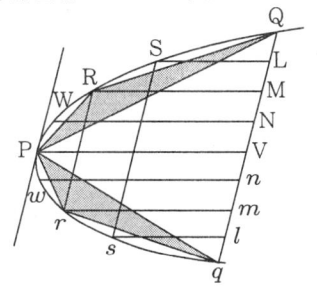

$$\triangle \text{PQR} = 4(\triangle \text{QSR} + \triangle \text{RWP})$$
$$\triangle \text{P}qr = 4(\triangle \text{P}wr + \triangle rsq)$$

となり，辺々加えて，
$$\text{B} = 4(\triangle \text{QSR} + \triangle \text{RWP} + \triangle \text{P}wr + \triangle rsq)$$

よって，右辺の（　）内の和をCとおくと，B=4C，同様にこの方法を繰り返して n 回目が Z=4Y とすれば，
$$\text{A} + \text{B} + \text{C} + \cdots + \text{Z} \qquad (3)$$

は，放物線に内接する多角形の面積となり，回数を増すごとに増えた三角形が切片の面積を次々に"取り尽し"て行くため，切片の面積との差は0に近付いて行きます．

$$\text{B} = \frac{1}{4}\text{A}$$
$$\text{C} = \frac{1}{4}\text{B} = \left(\frac{1}{4}\right)^2 \text{A}$$
$$\vdots$$
$$\text{Z} = \frac{1}{4}\text{Y} = \left(\frac{1}{4}\right)^{n-1}\text{A} \qquad (4)$$

から，(3) の式は，
$$\text{A} \cdot \left\{ 1 + \frac{1}{4} + \left(\frac{1}{4}\right)^2 + \cdots + \left(\frac{1}{4}\right)^{n-1} \right\}$$

と表現されます．n を限りなく大きくして無限級数の和を求めれば極限は切片の面積となり，その値として，
$$\text{A} \cdot \frac{1}{1 - \frac{1}{4}} = \frac{4}{3}\text{A} \qquad (5)$$

が求まります．しかし，アルキメデスは n を限りなう大きくすると云う<u>無限の過程を避ける</u>ため，次の命題を導きました．

命題 23．　　　$$\text{A} + \text{B} + \text{C} + \cdots + \text{Z} + \frac{\text{Z}}{3} = \frac{4}{3}\text{A}$$

この式[註2]の成立は，左辺に (4) を代入して計算すると，
$$\text{A}\left\{ 1 + \frac{1}{4} + \left(\frac{1}{4}\right)^2 + \cdots + \left(\frac{1}{4}\right)^{n-1} \right\} + \frac{z}{3}$$
$$= \text{A}\left\{ \frac{4}{3} - \frac{1}{3}\left(\frac{1}{4}\right)^{n-1} \right\} + \frac{1}{3}\left(\frac{1}{4}\right)^{n-1}\text{A} = \frac{4}{3}\text{A}$$

となり，当然 (5) 式の結果と一致します．

　アルキメデスは目的の命題 24 を証明するのにこの命題 23 を利用します．そ

の証明法は背理法によりました．すなわち，切片の面積が△PQqの4/3倍より大きい，または小さいとするといずれの場合も定理23から矛盾が生じ，結局両面積は等しくなることを示しました．(註3)

無限等比級数
$$a + ar + ar^2 + \cdots + ar^n + \cdots$$
で，$0 < r < 1$ の場合の和はフランスのヴィエタ（Franciscus Vieta：1540-1603）によって，1590年頃に与えられたとされています．

（註1），（註2），（註3）の証明
(1) 『高校数学史演習』安藤洋美 著，現代数学社．』1999. pp.36-39.
(2) 『数学の歴史』近藤洋逸 著，毎日新聞社．』1970. pp.64-66.

アルキメデス　　ヴィエタ

この問題で，前日に進んだ行程の1/3を次の日に進み続けると，
$$\frac{\frac{1}{3}}{1-\frac{1}{3}} = \frac{1}{2}$$
となり，A,B両地点の中点を目指していることになり，全行程の49/50の地点は越えることは不可能となります．

2．現在，無限等比級数の和の学習は高校で扱われています．前々回紹介した緑表紙の教科書『尋常小学算術』第六学年用に，最後の［色々ナ問題］として次のような問題が載っています．小学生に分かるよう説明を考えてみて下さい．（"取り尽くし法"による）

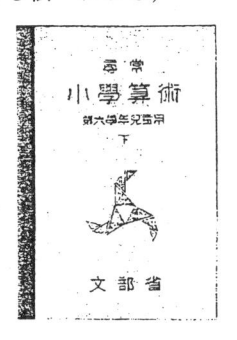

昭和10年から昭和16年まで使用された緑表紙の教科書表紙．
　それ以前は黒表紙の『尋常小学校算術書』．それ以後は『カズのホン』となり短期間の使用でした．

8. 取り尽くしの問題

答は次の通りです．

(15)
$$1 + 2 + 2^2 + \cdots + 2^{19}$$
$$= 1,048,575 \text{(分)}$$
$$= 17,476 \text{(時間)} 15 \text{(分)}$$
$$= 728 \text{(日)} 4 \text{(時間)} 15 \text{(分)}$$
$$= 1 \text{(年)} 363 \text{(日)} 4 \text{(時間)} 15 \text{(分)} \quad \text{[答]}$$

(16)
$$\left[1 + \frac{1}{2} + \left(\frac{1}{2}\right)^2 + \left(\frac{1}{2}\right)^3 + \cdots \right]$$

下の図を利用する．

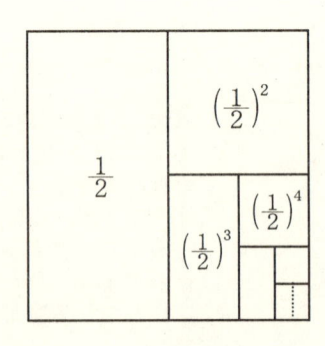

木は2mに近付いて行く． [答]

(17) 中央の正三角形の一辺上にある三角形の列を考えると，最初の三角形の 1/2 が 2 番目の三角形となり，以下同様に前の三角形の 1/2 が次の三角形となる（図の黒と白の面積）ことから，中央の正三角形の 1 辺上にある直角二等辺三角形の面積の 6 倍の面積となる．　[答]

最後に，分配による"取り尽し"問題を演習して上げておきます．

問題 1． a グラムの砂金を A, B, C の 3 人で次のように分配する．

まず全量の $\frac{1}{3}$ を A が取り，残りの $\frac{1}{3}$ を B が取り，さらに残りの $\frac{1}{3}$ を C が取ることによって 1 回目の分配が終了するものとする．以後，つねに残量の $\frac{1}{3}$ を各人が順次取るものとして以下の問に答えよ．

(1) n 回目の分配で C が取る砂金の量を求めよ．
(2) n 回目の分配までに A が取る砂金の総量を求めよ．
(3) 分配をかぎりなくくり返すとき，各人が取る砂金の総量はそれぞれどのような値に近づくか．
　　　　　　　　　　　　　　　　　　　　　　　　　　　　豊橋技術医科大．

答は次の通りです．

答：(1) $\frac{1}{3}\left(\frac{2}{3}\right)^{3n-1}a$（グラム）　(2) $\frac{9}{19}\left\{1-\left(\frac{2}{3}\right)^{3n}\right\}a$（グラム）

(3) A は $\frac{9}{19}a$，B は $\frac{6}{19}a$，C は $\frac{4}{19}a$ に近づく．

◀ 解 答 ▶

全行程を 1 とする．日々進む行程および残った行程は，

	進む距離	残った距離
第 1 日目	1/3	2/3
第 2 日目	1/3・(2/3)	(2/3)²
第 3 日目	1/3・(2/3)²	(2/3)³
⋮	⋮	⋮
第 n 日目	1/3・(2/3)ⁿ⁻¹	(2/3)ⁿ

よって，n 日間に進む距離は，

8. 取り尽くしの問題

$$1/3\{1+1/3+(1/3)^2+\cdots+(1/3)^{n-1}\}$$
$$=1/3\cdot\frac{1-(2/3)^n}{1-1/3}=1-(2/3)^n$$

これが全行程の 49/50 を越えるのは,
$$49/50<1-(2/3)^n$$
のときである.
$$\therefore\quad (2/3)^n<1/150$$

これは上の表で n 日目に残った距離が 1/50 未満と同じであることを示しており,最初からこちらに注目して立式する方が簡単である.

さて,上式の両辺常用対数を取ると,
$$n(\log_{10}2-\log_{10}3)<\log_{10}2-2$$
$$\therefore\quad n>\frac{2-0.301}{0.477-0.301}=9.6\cdots$$

n は正の整数だから, $n\geqq 10$
よって,最小値は 10.　　　　　$\therefore$　**10 日目**　　　[答]

〈別解〉 漸化式を作る.

n 日目までに進む距離を a_n とすると,
$$a_n=a_{n-1}+1/3(1-a_{n-1})$$
$$\therefore\quad a_n-1=2/3(a_{n-1}-1)\cdots *$$
また $a_1-1=-2/3$ だから,
数列 $\{a_n-1\}$ は初項 $-2/3$, 公比 $2/3$
の等比数列である.
$$a_n-1=-2/3(2/3)^{n-1}$$
$$\therefore\quad a_n=1-(2/3)^n$$
$$\therefore\quad 49/50<1-(2/3)^n$$
となり,以下は上と同じである.

＊の式から, n の次数を下げてもよい.
$$a_n-1=2/3(a_{n-1}-1)$$
$$=(2/3)^2(a_{n-2}-1)$$
$$\vdots$$
$$=(2/3)^{n-1}(a_1-1)$$
$$=-(2/3)^n\quad(\because a_1=1/3)$$
$$\therefore\quad \boldsymbol{a_n=1-(2/3)^n}$$

9. 受験生と神主のどちらが有利か

■**試問 22**■　ある受験生がお宮に，'合格のお守り'を買いに行った．1つのポケットに 100 円玉 3 個，10 円玉 4 個を入れていると言ったところ，神主が「お守りは 200 円ですがまずポケットからお金を 1 個とり出して下さい．次に 2 個同時にとり出して下さい．合わせて 3 個でお守りをさしあげましょう．」と言った．神主の申し出にしたがって 1 個とり出したところ 100 円玉であった．このとき受験生と神主のどちらが有利か．ただしポケットの中では 100 円玉と 10 円玉は区別できないものとする．

　　　　　　　　　　　　　　　　　　　　　　　　　　山形大．(理系)．

　新年を迎えると受験生にとっては受験シーズンに入ります．この時期，受験生や受験生をもつ親が学問の神様とされる天神社や天満宮に合格祈願のため参詣し，絵馬に願いを託して奉納したり，お札を受けたり，お守りを購入する光景をよく目にします．平素は自力主義の受験生でもいつしか幸運巡来を神に祈る気持に傾くようです．合格には，実力以外に運が関係する例はいくらでもあり，まして合否が半々ならば合格となるよう神におすがりすることは人情と思われます．

　この問題は，'お守り'を求めようとする受験生に神主がゲームを提案し，それに応じた受験生がゲームの途中で有利な状態にあるかどうかを考えようとするものです．

（ヒント）　先ず，問題の中で用語の**有利**と云うことをはっきりさせなければなりません．

　受験生にとって有利とは"お守り"の代金が 200 円ですから，200 円未満で得られたら受験生は**得**をし，このことを**有利**と云います．逆に，200 円を越えた代金を支払うことになれば受験生は**損**をして神主が有利となり，丁度 200 円のときは損得なしです．

　次に有利であるかないかをどうして**判定**するのか？　と云うことが必要となりこ

の問題のねらいでもあります．

受験生がポケットから 100 円玉を 1 個取り出したので，ポケットに残っているのは 100 円玉 2 個と 10 円玉 4 個です．

神主の指示に従って 2 個同時に取り出すとき起こり得るのは，

20 円，110 円，200 円

の 3 通りで，受験生が心理的に期待するのは最小値の 20 円ですが，そうなるとは限りません．そこで**数学（確率論）**では，このようなゲームを多数回行ったとき，平均したら何円出ることになるかを計算して，この値を**数学的期待値**とします．そして，問題のように，あるゲームにおいて，特定のプレイヤーがそのゲームで有利かどうか，あるいは損か得かをそのプレイヤーの数学的期待値で判定します．

ここで，注意することは，受験生の例で言えば 20 円,110 円,200 円となる確率で判定するのではなくて，平均して幾らの金額が出ると考えられるかで判定することです．

勿論，その期待値は多数回のゲームを行ったとしたときの平均ですから,値は，実現値の 20 円,110 円,200 円のいずれかに等しくなるとは限りません．

さて，受験生の数学的期待値はいくらになるでしょう．

余談

1. 数学的期待値によって判定する問題を練習してみよう．

問題 1．

(1) さいころを 1 回または 2 回振り,最後に出た目の数を得点とするゲームを考える．1 回振って出た目を見た上で,2 回目を振るか否かを決めるのであるが,どのように決めるのが有利か．

(2) 上と同様のゲームで,3 回振ることも許されるとしたら,2 回目,3 回目を振るか否かの決定は,どのようにするのが有利か．

京都大．(理系)．

解答：(1) 1 回目の得点が 1 から a のとき 2 回目を振り，$a+1$ から 6 のとき 1 回で止めるとすると，このゲームの得点の期待値 E は，

$$E = \frac{a}{6} \cdot \frac{(1+2+\cdots+6)}{6} \qquad （2 回振る）$$

$$+ \frac{(a+1)+(a+2)+\cdots+6}{6} \quad (1回で止め)$$

$$= \frac{7a}{12} - \frac{a^2+a-42}{12}$$

$$= -\frac{1}{12}(a-3)^2 + \frac{17}{4}$$

よって, $a=3$ のとき E は最大となるから,

　　1回目4以上のとき1回で止める

　　1回目3以下のとき2回目を振る　　　　[答]

(2) b 以下なら3回を振るとするとき, 得点の期待値を E とすれば,

$$E = \frac{a}{6} \cdot \frac{b}{6} \cdot \frac{(1+2+\cdots+6)}{6} \quad (3回振る)$$

$$+ \frac{a}{6} \cdot \frac{(b+1)+\cdots+6}{6} \quad (2回で止め)$$

$$+ \frac{(a+1)+\cdots+6}{6} \quad (1回で止め)$$

$$= \frac{7ab}{72} - \frac{a(b^2+b-42)}{72} - \frac{a^2+a-42}{12}$$

$$= -\left\{\frac{a}{72}(b-3)^2 + \frac{1}{12}\left(a-\frac{15}{4}\right)^2\right\} + \frac{299}{64}$$

a, b は1から6までの整数だから, $a=4, b=3$ のとき E は最大となるから,

　　1回目5以上のとき1回で止める

　　1回目4以下のとき2回目を振る

　　2回目3以下のとき3回目を振る　　　　[答]

問題2.
　赤, 青, 白, 黄, 緑の5種の(同じ大きさの)玉をそれぞれ3個ずつ用意する. これをつぼに入れて, よくかき混ぜ, 目をつぶって, 3個の玉を取り出して, 3個とも同じ色なら1000円, 2個だけ同じ色なら400円もらえるというゲームがある. ゲームの1回の参加料は30円である. このゲームは得か損か.

　　　　　　　　　　　　　　　　　　　　　　　　　岐阜経大.

解答：つぼから3個の玉を取り出すとき生ずる結果は次の通りである.

　　A．3個とも同じ色　…………　1000円

B. 2個だけ同じ色 ………… 400円
C. すべて異なる色 ………… 0円

Aの場合： $\dfrac{{}_5C_1}{{}_{15}C_3} = \dfrac{5}{455} = \dfrac{1}{91}$

Bの場合： $\dfrac{{}_5C_1 \cdot {}_3C_2 \cdot {}_{12}C_1}{{}_{15}C_3} = \dfrac{5 \cdot 3 \cdot 12}{455} = \dfrac{36}{91}$

Cの場合： $\dfrac{{}_5C_3 \cdot ({}_3C_2)^3}{{}_{15}C_3} = \dfrac{10 \cdot 27}{455} = \dfrac{54}{91}$

である。すなわち,得る金額を X,その確率を p とするとき, X の確率分布は,

X	0	400	1000
p	54/91	36/91	1/91

となる。したがって,期待値 E を求めると

$$E = 0 \times \dfrac{54}{91} + 400 \times \dfrac{36}{91} + 1000 \times \dfrac{1}{91}$$

$$= \dfrac{15400}{91} = \mathbf{169.2} \qquad \cdots\cdots (円)$$

ゆえに,このゲームの期待値は約 169 円だから 30 円での参加は得と云える。

[答]

次の期待値を求める問題を課題とします。下のヒントを参考に解いてみて下さい。

問題3. A君がおみくじを引く。N 回引いても「大吉」が出なければ打ち切ってやめる。もし N 回までに大吉が出ればその回でやめることにした。ただし,N は2以上の定まった自然数とする。

A君が1回ごとに大吉を引く確立は p とする。このとき A君がおみくじを引く回数の期待値（平均ともいう）E は $E = \dfrac{1-(1-p)^N}{p}$ と表されることを示し,$p = \dfrac{1}{5}$,$N = 10$ のとき E の値を小数第2位まで求めよ。

京都大.（理科系）.

（ヒント）　第 k 回目に大吉を引きその回で打ち切ってやめる確率を,$1-p=q$ とすると $k < N$ のとき, $q^{k-1} \cdot p$ であることは明らかですが, N 回目は大吉がでなくてもくじを引くのを打ち切ることに注意すると,

$k=N$ で打ち切る確率は q^{N-1} となります.
$$\therefore \quad E = 1\cdot p + 2\cdot pq + 3\cdot pq^2 + \cdots\cdots + (N-1)\cdot pq^{N-2} + N\cdot q^{N-1}$$
両辺に q を掛けて,
$$qE = 1\cdot pq + 2\cdot pq^2 + 3\cdot pq^3 + \cdots\cdots + (N-1)\cdot pq^{N-1} + N\cdot q^N$$
前式から辺々引くと,
$$pE = p(1+q+q^2+\cdots\cdots q^{N-2}) + q^{N-1}\{N-(N-1)p-Nq\}$$
となり, これを整理すると結果がえられます.

また, $p=\dfrac{1}{5}$, $N=10$ のとき, $E = 5\left\{1-\left(\dfrac{4}{5}\right)^{10}\right\} = 5 - \dfrac{2^{29}}{10^9}$

となります. そこで, 指数部分の計算の工夫が必要で, $2^{10}=1024$ から
$$2^{29} = (2^{10})^2 \cdot 2^9 = (1024)^2 \cdot 512$$
とするか, または, 近似式を利用して
$$\frac{2^{29}}{10^9} = \frac{1}{2}\left(\frac{2^{10}}{10^3}\right)^3 = \frac{1}{2}\cdot(1+0.024)^3 \fallingdotseq \frac{1}{2}(1+3\times 0.024)$$
とします.

2. 少しリラックスして貰うため冒頭で述べた**学問の神様**について述べてみよう.

学問の神様として代表的なのが**天神社**または**天満宮**で全国各地に祀られています. 中でも東京の亀戸天神, 鎌倉の荏柄天神や京都の北野天満宮, 太宰府の天満宮は有名です. 現在では天神様と天満宮は同一視されていますが元々の由来は異なるとされています. 天神様は古代信仰の天神,地神から生じたもので, 天津神すなわち神話の高天が原の神々を指していて古くから各地で社殿を造り祀られていました. (地神は農耕と結び付いて庶民化して行きました.) 仏教にも天像, 地像の同種の信仰がありました. 仏教では天像が次第に忘れられて行き地像は平安から鎌倉時代にかけて信仰が盛んとなり地像尊が寺院に祭られたり, また, 石像を造り路傍信仰の対象として今までも残っています.

ところで, 947年に京都北野の火雷天神を祀った地に**菅原道真**（845-903）の慰霊のために祠（小さな神社）が建てられ, 火雷天神と道真の天満宮の一体化が始まりました. そして, 後世天神は影を潜めて道真を祀った天満宮として脚光を浴びることになり天神様と云えば道真のこと指すように変節し, 全国各地の天神もこの流れ乗ることになりました.

9. 受験生と神主のどちらが有利か

天神像　　　　　　　菅原道真（天神様と呼ばれるようになる）

　菅原道真は優れた学者の家系の生まれで，小さい時から向学心が強く，学才を示しました．5才で和歌を詠み，12才になると漢詩も理解したと云われています．その才能は後に宇多天皇に認められ厚い信任を受けました．次の醍醐天皇への譲位に際して宇多天皇は藤原時平と共に道真を重用するよう訓戒され，醍醐天皇もそれに従い899年時平を左大臣，道真を右大臣として任じ2人に最高の地位が与えられました．

　当時，藤原氏一族の全盛時で藤原氏の家系以外の者は高官には付けなかったので，道真は異例の出世でしたが，このことは藤原氏の反発や他の廷臣のねたみを生じることになりました．そして，2年後に時平の陰謀を受けることになります．

　「右大臣道真は低い身分からの登用を受けながら分をわきまえずに権力を専らにし，宇多天皇を欺いて天皇の廃位を行おうとした．」

と云うものです．そして，本来なら法で断罪すべきところだが，特別温情をもって太宰権帥に左遷する内容でした．すなわち，廃位とは醍醐天皇を退け道真の娘婿斉世親王（天皇の弟）を擁立しようとしたと云う言い掛かりでした．配流された道真は太宰府浄妙院で時平達の陰謀への無念さや，これまでの天皇の厚恩への感謝や，都への郷愁などに思いを馳せながら謹慎の中2年後の903年2月25日59才で没しました．ところが，道真の死後都では疫病の流行や落雷や火災などが相次ぎ，人々はこれは道真の怨霊との噂さが広まり，さらに，左遷した左大臣時平は道真の死後6年目に39才の若さで亡くなりました．怨霊を恐れた宮廷は923年に道真を本官右大臣に復し正二位を授け，左遷命令を破棄までしました．しかし，いっこうに祟りは静まるどころか，930年には清涼殿に強烈な落雷があり醍醐天皇の目前で大納言の藤原清貫と右中弁平希世の

2人が即死し，火災も発生しました．(幸い火災は大事に至らず防げました．)
　不思議なことに都の各所で落雷が続く中で以前に道真邸があった桑原の地だけは難を逃れたので，人々は雷鳴を聞くと「くわばらーくわばら」と言って避難するようになったという伝説まで生じています．
　このように，道真の死後都に不幸や災難が続きその原因が道真の怨霊とされ，その怨霊を鎮めるため北野の火雷天神に祠が建てられたのです．
　こうして，不遇な晩年でしたが道真は幼少の頃から学問に親しみ『類聚国史』，『菅家文草』など国史，詩文の書を残したのを初め和歌や書道でも優れた才能を発揮したため，室町時代以降には**文筆や学問の神様**として崇められ，梅の小枝を手にした天神様（道真）が描かれ天神信仰は各地へ広まって行きました．近世の寺子屋などでは学問の神様として奉られ，2月25日の命日には子供達が集まってお祭りをする風習も生まれました．
　天神社または天満宮を訪れ"合格祈願"を行う受験生はこの菅原道真を詣で，学問成就や合格祈願していることになる訳です．

◀ **解 答** ▶

　ポケットの中には100円玉2個と10円玉4個が残っている．この中から2個とりだしたときの金額を X 円とすれば，
$$X = 20, 110, 200$$
のいずれかであり，それぞれが起こり得る確率を求めると，

$X = 20$ のとき，　$\frac{{}_4C_2}{{}_6C_2} = \frac{6}{15}$

$X = 110$ のとき，　$\frac{{}_2C_1 \cdot {}_4C_1}{{}_6C_2} = \frac{8}{15}$

$X = 200$ のとき，　$\frac{{}_2C_2}{{}_6C_2} = \frac{1}{15}$

このときの期待値 E は，
$$20 \times 20 \times \frac{6}{15} + 110 \times \frac{8}{15} + 200 \times \frac{1}{15} = 80 \text{(円)}$$

　よって，受験生が神主に差し出す金額の期待値は最初にとり出した100円とで180円となり，お守りは200円だから**受験生が有利である**．　　　**[答]**

〈**別解**〉　ポケットから1個とり出すときの期待値は

9. 受験生と神主のどちらが有利か

$$10 \times \frac{4}{6} + 100 \times \frac{2}{6} = 40$$

だから2個とり出すときは2倍で80円としてもよい.

(理由) 集団で考えた平均（期待値）が時間差で考えた平均（期待値）に等しい．（エルゴート性をもつ）.

10. F・T君の某大学への合格の確率

■試問23■ 千代田富士雄君は，某大学のA，B，Cの3学部に併願している．彼がそれぞれの学部に合格する確率は，順に $\frac{2}{5}$，$\frac{3}{7}$，$\frac{1}{2}$ である．
① 少なくとも1つの学部に合格する確率を求めよ．
② ちょうど1つの学部に合格する確率を求めよ．

広島修道大．

(ヒント) この問題にはパズル的な要素は含まれていませんが，やがて受験に挑む諸君のため入試に臨むときどのようなことが数学的に考えられるかを幾つか扱い，いくらかでも参考にしていただければと取り上げてみました．

学校や予備校で模擬試験や実力試験を受けると，その結果が志望別にA，B，……，Eや合格の確率（パーセント）によって示されます．その評価は偏差値の分布に基づき，過去のデータや受験生の動向による難易化傾向などを検討してなされるわけで，全国の同じ志望の受験生ができるだけ多数受験しておれば信頼性も高くなることは明らかです．

実際の入試では，模擬試験での合格の確率が高い場合でも不合格となったり，逆に低い場合でも合格することもあります．入試で稀にしか起こらないことが生じたとき幸運・不運と解釈されます．

さて，富士雄君は某大学のA，B，Cの3学部の合否の結果は互いに影響することはありませんからそれらの学部の合否は**独立事象**となります．

①では，"少なくとも1つの学部に合格する"という命題をPとすれば，その否定命題 $\bar{P}$ は"すべての学部が不合格である"となり $\bar{P}$ はPの**余事象**ですから，$\bar{P}$ の確率を利用すると計算が容易になります．

②ではA，B，Cの1つの学部だけに合格することはそれぞれ互いに**排反事象**となることを利用します．

一般に，独立試行の**確率計算**（受験など）では次の定理を用います．

10. F・T君の某大学への合格の確率

定理：
1回の試行で事象Eが起こる確率が p であるとき，n 回の試行を行うとする．このとき，$q=1-p$ とすると

1．事象Eが少なくとも1回起こる確率は
$$1-q^n$$
である．

2．事象Eが r 回起こる確率は
$$_nC_r p^r q^{n-r}$$
である．すなわち，二項定理
$$(p+q)^n = \sum_{r=0}^{n} {}_nC_r p^r q^{n-r}$$
の一般項に等しい．

上の定理で試行が受験，事象Eが起こるを合格することと考えればよいわけです．①，②もこれを使用して解くことになります．

ところで，富士雄君のA,B,Cの学部に合格する確率はそれぞれ2/5（=40%），3/7（≒43%），1/2（=50%）であり，いずれも半々またはそれ以下です．これらの確率と①，②で求めた確率と比較して，合格の確率はただ1回受験のときと，複数回受験するときの違いを比較してみて下さい．

余談
1．受験回数と合格率

問題のように複数の受験をするとき，合格率はどうなるのかを見てみよう．

多くの受験生は模擬試験を何度か受けてそれらの試験での偏差値やセンター試験による自己採点の結果を資料に志望校の決定をする傾向にあります．すなわち，多くは偏差値を自分の実力とみなしてそれに相応した大学（？）を考えて受験するのが一般的であるようです．

いま，仮に受験生間の実力に大差はないものとし，ある受験生がいずれも競争率5倍の大学または学部を複数受験するとします．

このとき，少なくとも1つ合格する（浪人しないで済む）確率は受験回数とどんな関係にあるでしょうか．

この場合，競争率が5倍より1回の受験で合格する確率は1/5（=0.2）ですから，受験回数と少なくとも1つ合格する確率の関係を上の定理より求める

と次のようになります.

受験回数	少なくとも1つ合格の確率
1	0.2
2	0.36
3	0.488
4	0.590
5	0.672
6	0.738
7	0.799
8	0.832
9	0.866
10	0.893

これから80％以上の合格となるためには8回以上受験をしなければならないことが分かります．すなわち，一定の条件の下では多数回受験を続ければ合格率は増加することが分かります．俗に言われる"下手な鉄砲（？）も数撃ちゃ当たる"も間違いとは言えない例です．

２．問題数と合格率

それでは問題と合格率の関係はどうでしょう．次の問題で見てみましょう．

問題1. A,B2つの試験がある．Aの試験では2題のうち1題以上できれば合格し，Bの試験では4題のうち2題以上できれば合格する．10題のうち平均7題を解くことができる人はA,Bのいずれの試験の方が合格しやすいか．

奈良教育大.

題意から，1題を解く確率は $p = 7/10$ で，解けない確率は $q = 1 - p = 3/10$ です．

解答：Aに合格する確率は，

$$1 - q^2 = 1 - \left(\frac{3}{10}\right)^2 = 0.91$$

Bに合格する確率は2題，3題，4題解く確率の和だから，

$$_4C_2\left(\frac{7}{10}\right)^2\left(\frac{3}{10}\right)^2 + {_4C_3}\left(\frac{7}{10}\right)^3\left(\frac{3}{10}\right) + {_4C_4}\left(\frac{7}{10}\right)^4 = 0.9163$$

よって，Bの方が合格し易い． ［答］

これから，問題数が多くなると半分以上解く確率は微かに上がることが分かります．

3．デタラメに答えた解答の正解率

問題の中には，解を選択肢から選ぶものや○，×を記入するもの（もっとも数学の○，×式では×のときは理由を問われる場合もある）があります．この形式の問題では自分では分からなくても"デタラメ"に答えて正解となることが生じます．それでは，試験でデタラメに答えたときどのようなことが考えられるか以下の問題で見てみましょう．

問題2． 問題が4問あり，各問題の回答群にはそれぞれ3つの選択肢がある．各問の選択肢からデタラメに選択肢を選んだ人が，2問以上正解する確率を求めよ． 　　　　　　　　　　　　　　　　　　　　　　法政大．（人間環境）．

1問に3つの選択肢があるから，その中からデタラメに1つを選ぶときに正解となる確率は1/3です．したがって，求める確率は2問，3問，4問が正解となる確率の和ですから，

解答：

$$_4C_2\left(\frac{1}{3}\right)^2\left(\frac{2}{3}\right)^2 + {}_4C_3\left(\frac{1}{3}\right)^3\left(\frac{2}{3}\right) + {}_4C_4\left(\frac{1}{3}\right)^4$$

$$= \frac{24}{81} + \frac{8}{81} + \frac{1}{81} = \frac{11}{27} \fallingdotseq 0.41 \qquad \text{［答］}$$

合格点にはなり得なくてもデタラメに書いた点としては有り難い結果が起こり得る可能性があります．これに対して0点になる確率は

$$\left(\frac{2}{3}\right)^4 = \frac{16}{81} \fallingdotseq 0.2$$

となります．したがって，受験者にかなり点が与えられることになります．

この問題では各問の選択肢が3つですが，選択肢を増やして4つとするとき4問中2問以上正解となる確率はどうなるでしょう．

1問を正解する確率は1/4となります．したがって，

$$_4C_2\left(\frac{1}{4}\right)^2\left(\frac{3}{4}\right)^2 + {}_4C_3\left(\frac{1}{4}\right)^3\left(\frac{3}{4}\right) + {}_4C_4\left(\frac{1}{4}\right)^4$$

$$= \frac{1}{256}(6\times9 + 4\times3 + 1)$$

$$= \frac{67}{256} \fallingdotseq 0.26$$

また，0点となる確率は

$$\left(\frac{3}{4}\right)^4 = \frac{81}{256} \fallingdotseq 0.32$$

となって，正解の確率が3つの選択肢の場合よりずっと下がり，逆に0点の確率はずっと上がることが分かります．これからデタラメに選択肢を選ぶとき**選択肢が4個以上あるときはあまり得点の期待はできない**ことになります．

次に〇と×の問題について見てみましょう．

問題3． ある試験に「正しい文には〇，誤っている文には×をつけよ．」という問題が出され，10個の文が書かれていた．
(1) まったくデタラメに〇と×をつけたとき，次の各確率を求めよ．
　（ア）　全問正解となる確率
　（イ）　8問以上正解となる確率
(2) 「正しい文が3つある」と指示されていて，デタラメに〇を3個と×を7個つけたとき，次の各確率を求めよ．
　（ウ）　全問正解となる確率
　（エ）　8問以上正解となる確率　　　　　　　　　　　　　　東北学院大．

計算はこれまで同様ですが(2)の（エ）では**奇数個の正解する場合は起こり得ない**ことに注意を要します．何故なら，3個の〇をつけるから，〇のところに×をつければ，対となって×のところに〇をつけることになり全部で10問ですから正解は10個-(偶数個)=(偶数)の正確としかなり得ず奇数個の正解となることはありません．

解答：
(1)　（ア）　1問正解する確率は1/2であるから

$$\therefore \left(\frac{1}{2}\right)^{10} = \frac{1}{1024} \fallingdotseq 0.001 \quad [答]$$

　　　（イ）　1問正解する確率も間違う確率ともに1/2である．

$$_{10}C_8\left(\frac{1}{2}\right)^8\left(\frac{1}{2}\right)^2 + {}_{10}C_9\left(\frac{1}{2}\right)^9\left(\frac{1}{2}\right) + {}_{10}C_{10}\left(\frac{1}{2}\right)^{10}$$

$$= \frac{1}{2^{10}}(45 + 10 + 1)$$

$$= \frac{7}{128} \fallingdotseq 0.05 \quad [答]$$

(2) （ウ） 10問に3個の○，7個の×をつけた解答の仕方は $_{10}C_3$ 通りあり，そのうち全問正解は1通りだから

$$\therefore \quad \frac{1}{_{10}C_3} = \frac{1}{120} \fallingdotseq 0.01 \qquad [答]$$

（エ） 8問以上正解となるのは

8問正解の場合は○が2個，×が6個正しいときより，$_3C_2 \times _7C_6$ 通りある．
9問正解の場合は起こり得ない．
10問正解の場合は○が3個とも正しいときより，$_3C_3$ 通りある．

$$\therefore \quad \frac{_3C_2 \times _7C_6 + _3C_3}{_{10}C_3} = \frac{21+1}{120} = \frac{11}{60} \fallingdotseq 0.18 \qquad [答]$$

この問題で（1）と（2）の結果を比較すると○と×の個数が分かれば正解の確率が当然ですがその個数が分からない場合よりはかなり高くなることが分かります．

いずれにしても受験生の諸君はしっかり学習を積んで自分の実力を身につけることが大切と思います．努力を厭わず一歩一歩前進して欲しいものです．"努力は不可能を可能にする"基礎固めをして自分で努力することです．

◀解 答▶

① A,B,Cの3学部に合格しない確率はそれぞれ，順に $\frac{3}{5}, \frac{4}{7}, \frac{1}{2}$ だから，求める確率は，

$$1 - \frac{3}{5} \cdot \frac{4}{7} \cdot \frac{1}{2} = \frac{29}{35} \qquad [答]$$

② A学部だけに合格する確率

$$\frac{2}{5} \cdot \frac{4}{7} \cdot \frac{1}{2} = \frac{4}{35}$$

B学部だけに合格する確率

$$\frac{3}{5} \cdot \frac{3}{7} \cdot \frac{1}{2} = \frac{9}{70}$$

C学部だけに合格する確率

$$\frac{3}{5} \cdot \frac{4}{7} \cdot \frac{1}{2} = \frac{6}{35}$$

したがって，求める確率は

$$\frac{4}{35} + \frac{9}{70} + \frac{6}{35} = \frac{29}{70} \qquad [答]$$

11. 迷えるP君の究極の動きはどうなるか

試問 24 P君に2人の女友達A子さん，B子さんがいる．あるときP君が自宅を出発してA子さんの家へ向かった．しかし自宅からA子さんの家までの距離の $\frac{1}{3}$ 進んだところで，思いなおしてB子さんの家へ向かった．そして方向を変えた地点からB子さんの家までの距離の $\frac{2}{3}$ 行ったところで，また気が変わりA子さんの家へ向かった．そこから $\frac{1}{3}$ 進んでまたB子さんの家へ向かった．このようにしてP君はA子さんの家へ方向を変えてから $\frac{1}{3}$ 進んでB子さんの家へ方向を変え，それから $\frac{2}{3}$ 進んでからA子さんの家へ向かって進むものとする．この迷えるP君の究極の動きを記述せよ．ただし，P君は方向を変えてから次に方向を変えるまでは必ず直進するものとする．

鳥取大．(医・工・農)．

ヒント 先ず，P君と2人のガールフレンドA子さん，B子さんの家の位置関係について，問題文でA子さんの家に向かっていてB子さんの家に向きを変えるとき"方向を変えた"と記されているので3人の家は一直線上にないと解釈できます．よって，P君は3人の家を結んでできる三角形の内部をジグザグ経路を描き（振動し）ながら進むことゝなり，結局どちらの家にもたどり着くことが不可能となることはその経路の最初の部分を描いてみればすぐ予想が付きます．また，問われている **"究極の動きを記述せよ"** とは "限りなくこの動きを続けると，どのような一定の動きに限りなく近付くかを述べよ" と云うことの意味です．

解法は，図形の性質を用いる（幾何学的）方法と漸化式を用いる（解析的）方法が考えられます．

(1) 幾何学的方法

P君，A子さんおよびB子さんの家をそれぞれ点P，AおよびBとします．そして，A子さんの家へ向かっていてB子さんの家に方向を変える地点を最初から順に，

$$A_1, A_2, \cdots, A_n, \cdots$$

同様に，B子さんの家へ向かっていてA子さんの家へ方向を変える地点を順に，

$$B_1, B_2, \cdots, B_n, \cdots$$

とするとき，
$$\frac{AA_1}{A_1P} = \frac{AA_2}{A_2B_1} = \cdots = \frac{AA_n}{A_nB_{n-1}} = \cdots = \frac{2}{1}$$
これから，
$$A_1A_n \parallel PB_{n-1}$$
となります．すなわち，

A_1A_n および PB_n の延長と線分ＡＢとの交点をそれぞれＣおよびＤとすれば，

$$\frac{AA_1}{A_1P} = \frac{AC}{CD} = \frac{2}{1}, \quad \frac{BB_1}{B_1A_1} = \frac{BD}{DC} = \frac{1}{2}$$

であり，ＣおよびＤは定点です．そして，点列
$$A_1 \to A_2 \to \cdots \to A_n \to \cdots \to C$$
$$B_1 \to B_2 \to \cdots \to B_n \to \cdots \to D$$
ができ，したがって，Ｐ君は平行線 A_1C と PD の間より外に出ないことが分かります．

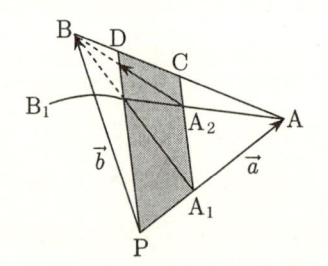

（２）解析的方法

座標またはベクトルを用います．

ベクトルによる場合は，

　Ｐ君の家を始点Ｐとし，Ａ子さん，Ｂ子さんの家を位置ベクトル $A(\vec{a})$, $B(\vec{b})$, またＰ君が n 回目にＡ子さんの家への向きからＢ子さんの家に向きを変えた点 A_n, またＢ子さんの家への向きからＡ子さんの家に向きを変えた地点 B_n の位置ベクトルをそれぞれ $\vec{a_n}, \vec{b_n}$ とすれば，内分の公式から漸化式

$$\vec{a_n} = \frac{2}{3}\vec{b_{n-1}} + \frac{1}{3}\vec{a}$$
$$\vec{b_{n-1}} = \frac{1}{3}\vec{a_{n-1}} + \frac{2}{3}\vec{b} \quad (n \geq 2)$$

が得られ，これから $\vec{a_n}, \vec{b_n}$ を求めて n を限りなく大きくしたときを考えます．

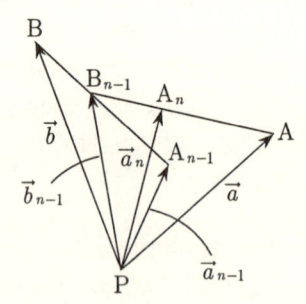

余談

　Ｐ君の動きは平面内のジグザグ（振動）な動きでしたが，直線上をジグザグ（左右，上下）に動く運動の問題にもいろいろと興味あるものがあります．

1. 気弱なA君の散歩

次の問題は気弱なA君が直線上を散歩するとき，ある地点にいる確率と帰宅時刻の期待値を求めるものです．

問題1．

数直線上の $x=0$ の地点にA君の家があり，A君は以下のルールに従って数直線上の正の側へ散歩に出かけることにした．

(a) 時刻 $t=0$ に家を出て正の向きに進む．

(b) 単位時間に距離1だけ直進する．したがって $t=1$ のときには $x=1$ にいることになる．

(c) 単位時間ごとに次に進む向きを決めるが，家から離れるほどA君は心細くなるので，$x=1$ の地点では確率 $\frac{2}{3}$ で正に，確率 $\frac{1}{3}$ で負に向かい，$x=2$ では確率 $\frac{1}{3}$ で正に，確率 $\frac{2}{3}$ で負に向かい，そして $x=3$ では必ず負に向かう．

(d) 一度家に戻ったら，もう外には出ない．

このとき，次の問いに答えよ．

(1) $x=2$ の地点にいる可能性があるのは時刻 t が偶数のときだけである．そこで $t=2n$ のとき $x=2$ にいる確率を q_n とおく．$n \geq 2$ について，q_n を q_{n-1} で表せ．

(2) $x=0$ にある自分の家に戻って来るのも t が偶数のときだけなので，$t=2n$ のときに戻ってくる確率を p_n とおく．

数列 $\{p_n\}$，$\{q_n\}$ の関係を求め，それを利用して一般項 p_n を求めよ．

(3) A君が家に戻って来る時刻の期待値を求めよ．その際，必要ならば次の等式を用いてもよい．$|r|<1$ のとき，

$$\sum_{n=0}^{\infty}(n+1)r^n = \frac{1}{(1-r)^2}$$

愛知教育大．(数)．

問題の中でヒントも示されており解き易くなっています．すなわち，A君は時刻が偶数のとき，必ず $x=0$ または $x=2$ におり，奇数のとき，必ず $x=1$ または $x=3$ にいることになり，これがこの問題を解く鍵です．

11. 迷えるP君の究極の動きはどうなるか

解答: (1) 時刻 $t=2n$ に $x=2$ の地点にいるとき，それ以前の時刻における位置は，

時刻	$2(n-1)$	$2n-1$	$2n$
位置	$x=2$	$x=1$	$x=2$
	$x=2$	$x=3$	$x=2$

の2通りで，時刻 $2(n-1)$ に $x=2$ の地点にいる確率は q_{n-1} より，

$$q_n = q_{n-1} \cdot \frac{2}{3} \cdot \frac{2}{3} + q_{n-1} \cdot \frac{1}{3} \cdot 1$$

$$= \frac{7}{9} q_{n-1} \quad (n \geq 2) \qquad \text{[答]}$$

となります．

(2) 時刻 $t=2n$ に $x=0$ の地点に戻るとき，それ以前の時刻における位置は，

時刻	$2(n-1)$	$2n-1$	$2n$
位置	$x=0$	$x=1$	$x=0$
	$x=2$	$x=1$	$x=0$

の2通りのときです．このとき，

最初の $(x=0 \rightarrow x=1 \rightarrow x=0)$ の場合は条件 (d) から $n=1$ のときだけより，

$$p_1 = 1 \cdot \frac{1}{3} = \frac{1}{3}$$

また，$n \geq 2$ のとき

$$p_n = q_{n-1} \cdot \frac{2}{3} \cdot \frac{1}{3} = \frac{2}{9} q_{n-1} \quad (n \geq 2)$$

となります．ここで，$q_1 = 1 \cdot \frac{2}{3} = \frac{2}{3}$ であり，(1) の式から $n \geq 2$ のとき

$q_n = \frac{2}{3} \left(\frac{7}{9}\right)^{n-1}$，これを上式に代入して

$$p_n = \frac{2}{9} \cdot \frac{2}{3} \left(\frac{7}{9}\right)^{n-2} = \frac{4}{27} \left(\frac{7}{9}\right)^{n-2}$$

よって

$$p_1 = \frac{1}{3}, \quad p_n = \frac{4}{27} \left(\frac{7}{9}\right)^{n-2} \quad (n \geq 2) \qquad \text{[答]}$$

(3) 期待値を E とすると

$$E = 2 \times \frac{1}{3} + \sum_{k=2}^{\infty} 2k \cdot \frac{4}{27} \left(\frac{7}{9}\right)^{k-2} = \frac{2}{3} + \frac{8}{27} \sum_{k=2}^{\infty} k \left(\frac{7}{9}\right)^{k-2}$$

ここで，$k-2=n$ とおくと，

$$E = \frac{2}{3} + \frac{8}{27}\sum_{n=0}^{\infty}(n+2)\left(\frac{7}{9}\right)^n = \frac{2}{3} + \frac{8}{27}\sum_{n=0}^{\infty}\left\{(n+1)\left(\frac{7}{9}\right)^n + \left(\frac{7}{9}\right)^n\right\}$$
$$= \frac{2}{3} + \frac{8}{27}\left\{\frac{1}{\left(1-\frac{7}{9}\right)^2} + \frac{1}{1-\frac{7}{9}}\right\} = \frac{2}{3} + \frac{8}{27}\left(\frac{81}{4} + \frac{9}{2}\right)$$
$$= 8 \qquad\qquad\qquad\qquad\text{[答]}$$

2．けられたボールの動く距離

良く知られた問題に次のような犬の走る距離を求める問題があります．

問題1． 主人が犬を連れて家に帰る途中，家から a メートルの地点に来たとき，犬は先に家に向って走りだし，家に着くとすぐに引き返して主人の所へ戻ってきた．そして，主人の所に戻ると，またすぐに家に向って走りだし家に着くとすぐ引き返し主人の所へ戻る．このような往復運動を主人が家に着くまで繰り返した．犬の走る速さが主人の歩く速さの4倍であるとき主人が家に着く間に犬は何メートル走ったか．

問題は，（速さ）×（時間）＝（道のり）の関係から求める簡単な内容です．主人と犬が要した時間は同じで犬の速さが4倍であれば犬の走る道のりも主人の歩く道のりの4倍となります．したがって，主人は a メートル歩き，犬は $4a$ メートル走ります．

次の問題は同じ内容の問題を漸化式を作って解くように設問されています．挑戦してみて下さい．

問題2．

壁に向かって等速で歩きながら壁に垂直にボールをけり，垂直に跳ね返ってくるボールをまた同じようにける．この動作を壁に突き当たるまで繰り返す．ボールはいつも同じ速さで運動し，その速さは歩く速さの4倍である．壁から a m離れた所から歩き始めると同時に1回目のボールけりを行う．
(1) k 回目にけられたボールが次にけられるまでの間に動く距離はいくらか．
(2) 1回目にけられてから $(k+1)$ 回目にけられるまでのボールの全運動距離はいくらか． 麻布大．(獣医)．

前述の問題と比較すると犬をボールに，家を壁に書き変えたものであることはすぐ

分かります.

(1) k 回目にボールをけった地点から壁までの距離を a_k m とすると $(k+1)$ 回目にはその距離は a_{k+1} m となるから,

$$（人の歩く距離）\times 4 = （ボールの運動距離）$$

より

$$4(a_k - a_{k+1}) = a_k + a_{k+1}$$

$$\therefore \quad a_{k+1} = \frac{3}{5}a_k, \quad \text{ただし,} \quad a_1 = a$$

$$\therefore \quad a_k = a \cdot \left(\frac{3}{5}\right)^{k-1}$$

よって, ボールが動く距離は

$$\therefore \quad a_k + a_{k+1} = a \cdot \left(\frac{3}{5}\right)^{k-1} + a \cdot \left(\frac{3}{5}\right)^{k} = \frac{8}{5}a \cdot \left(\frac{3}{5}\right)^{k-1} \qquad \text{[答]}$$

(2) 全運動距離を S とすると,

$$S = \sum_{n=1}^{k} \frac{8}{5} a \cdot \left(\frac{3}{5}\right)^{n-1} = \frac{8}{5} a \sum_{n=1}^{k} \left(\frac{3}{5}\right)^{n-1} = \frac{8}{5} a \cdot \frac{1 - \left(\frac{3}{5}\right)^{k}}{1 - \frac{3}{5}}$$

$$= 4a \left\{ 1 - \left(\frac{3}{5}\right)^{k} \right\} \qquad \text{[答]}$$

ここで, $k \to \infty$ のとき, $S = 4a$ となり, これが壁に突き当たるまでのボールの全運動距離を示しています.

3. 天才数学者フォン・ノイマンの逸話

53 年の短い生涯を終えたハンガリー生まれのアメリカの数学者フォン・ノイマンは 20 世紀屈指の数学者である. 並外れの記憶力と計算力を持ち, その天才ぶりは純粋数学から, 物理学, 気象学, 生物学, 経済学や意志決定理論そしてコンピューターの開発など多方面での貢献で示され, また, アメリカ政府の核開発とその政策顧問としても活躍しました.

一見, 近寄りがたい人物ようですが, 酒好きできわどい好色話をしたりして世慣れた面もあり, 人から質問を受けると, 座ってぶつぶつひとり呟きながら放心したように天井を見つめて考えるくせがありました. あるパーティの立話の中で, 次のような話題をある人がノイマンにもちだしました.

"南北一直線の道路上で, 20 キロメートル離れた地点から 2 台の自転車が向かい

合って同時に 10 キロメートルで走り出す．その瞬間に，北向きの自転車のタイヤから 1 匹のハエが飛び立ち時速 15 キロメートルで北に飛んで南向きの自転車のタイヤにタッチするなり引き返し，北向きの自転車に着けばタイヤにタッチしてまた U ターンする．この過程を繰り返すとき，2 台の自転車のタイヤにはさまれてハエが死に至るまでに合計何キロメートルを飛ぶことになるか．"

　この問題も，前述の犬の走る距離と同様に考えれば，2 台の自転車がぶつかるまでの時間が 1 時間だから，ハエの飛ぶ距離は 15（km/時間）× 1（時間）= 15（km）となります．

　話し相手はフォン・ノイマンはおそらくハエの飛ぶ距離を，最初に南向きの自転車に着くまでの距離を出し，次に北向きの自転車に着くまでの距離を出し，……こうして無限回の繰り返しによる個々の距離の和で計算されるだろうから時間を要するものと考えていたところフォン・ノイマンは問題を聞くなりダンスをするように身を動かしながら，しばらくして正解を伝えました．そして，どう計算したのかを聞くとやはり計算法は無限級数の和を求めたという返事でその計算のスピードに驚いた云うことです．

4．蝸牛（かたつむり）算

　算術問題に仕事算に似た蝸牛算があり，それは蝸牛がジグザグ（上下）しながら木登りをする問題です．

問題 3．

　一匹の蝸牛が高さ 10 m の木の頂上に向って登ろうとしている．この蝸牛は昼間は 3 m 登り，夜間は 2 m 降りながら登って行く．この蝸牛は何日目に頂上へたどり着くか．

　解法のポイントは蝸牛は一度頂上に到達したらそこで終わりと考える点です．

　1 日に実際に進む距離は 1 m ずつですから 7 日で 7 m，あと 3 m が残りその 3 m は 8 日目の昼間に頂上に達します．　　　　**[答]**

　蝸牛の動きをモデルとした問題ですが実際には蝸牛はどんな性質をもつかを誤解を防ぐため知られていることを述べておきます．

　蝸牛の学名は「マイマイ」と云い，"巻き巻き" が転じたものです．また別名「デンデンムシ」とも呼ばれ，これは "出よ出よ虫" からきた名前です．そして，これらの名前は陸に棲息する有肺の巻貝の総称です．水気を好み夜行性で，日没後や夜明け前に活発に動きますが雨や湿度の高い日には**昼間でも活動します**．乾燥と低温を嫌い，湿気がなくなると殻口に薄い膜を張り活動を休止し，さらに乾燥が進むと二重，三重の膜で身

をまもります．雨の日などに木に登った蝸牛は晴れて陽が射してくると下降して繁みで乾燥から身を保護したりします．歩みは広い巾の足浦から粘液を排出してその上を滑る形で這いますので通った跡にはナメクジと同じよう銀色に光る筋が残ることもあります．速度は普通はゆっくり這いますが身に危険が生じたら速度をあげて逃避の行動もとります．ある観測によると速度は通常2～6m／時位とする結果が得られています．
（図）蝸牛：陸に住む貝類．日本には約700種がいる．雄雌同体で寿命は1.5～4年．ナメクジは殻がとれ進化したものです．

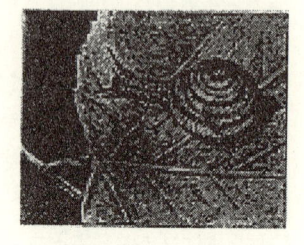

蝸牛（かたつむり）

◀解 答▶
1．幾何学的方法

P君，A子さんおよびB子さんの家をそれぞれ点P，AおよびBとする．また，A子さんの家へ向かっていてB子さんの家に方向を変える地点を順にA_1，A_2，……，A_n，……とし，同様に，B子さん家へ向っていてA子さんの家に方向を変える地点を順に，B_1, B_2, …, B_n, … とすれば，

$$\frac{AA_1}{A_1P} = \frac{AA_2}{A_2B_1} = \cdots\cdots = \frac{AA_n}{A_nB_{n-1}} = \cdots\cdots = \frac{2}{1}$$

よって，$A_1A_n \parallel PB_{n-1}$

したがって，A_1A_n および PB_{n-1} のそれぞれの延長と線分ABとの交点をCおよびDとすれば，n が限りなく大きくなれば，

A_n および B_n はそれぞれCおよびDに限りなく近付く．また，

$$\frac{AA_1}{A_1P} = \frac{AC}{CD} = \frac{2}{1}, \quad \frac{BB_1}{B_1A_1} = \frac{BD}{DC} = \frac{1}{2} \text{より}$$

$$\frac{AC}{4} = \frac{CD}{2} = \frac{DB}{1}$$

$$\therefore \quad \frac{AC}{CB} = \frac{4}{3}, \quad \frac{AD}{DB} = \frac{6}{1}$$

よって，P君は線分ABを4：3に内分する点Cと線分ABを6：1に内分する点Dを往復する状態に限りなく近付く　　　　［答］

2．解析的方法

P君の家を始点にし，A子さん，B子さんの家を位置ベクトル $\vec{a}$，$\vec{b}$ で表し，n 回目にA子さんの家またはB子さんの家に向っていて，気が変わり方向を変えた地点の位置ベクトルをそれぞれ $\vec{a_n}$ および $\vec{b_n}$ とすると，

$$\vec{a_n} = \frac{2}{3}\vec{b}_{n-1} + \frac{1}{3}\vec{a} \quad \cdots\cdots ①$$

$$\vec{b}_{n-1} = \frac{1}{3}\vec{a}_{n-1} + \frac{2}{3}\vec{b} \quad \cdots\cdots ②$$

①，②から，

$$\vec{a_n} = \frac{2}{9}\vec{a}_{n-1} + \frac{1}{3}\vec{a} + \frac{4}{9}\vec{b} \quad \cdots\cdots ③$$

ここで，

$$\vec{a_n} - \vec{k} = \frac{2}{9}(\vec{a}_{n-1} - \vec{k}) \quad \cdots\cdots ④$$

とおくと，

$$\vec{a_n} = \frac{2}{9}\vec{a}_{n-1} + \frac{7}{9}\vec{k} \quad \cdots\cdots ⑤$$

③，⑤から，

$$\frac{7}{9}\vec{k} = \frac{1}{3}\vec{a} + \frac{4}{9}\vec{b} \quad \therefore \quad \vec{k} = \frac{3\vec{a} + 4\vec{b}}{7}$$

$n \geqq 2$ のとき，④ 式で n の値を下げて，

$$\vec{a_n} - \vec{k} = \frac{2}{9}(\vec{a}_{n-1} - \vec{k}) = \left(\frac{2}{9}\right)^2 (\vec{a}_{n-2} - \vec{k})$$

$$\vdots$$

$$= \left(\frac{2}{9}\right)^{n-1}(\vec{a_1} - \vec{k}), \quad \vec{a_1} = \frac{1}{3}\vec{a}$$

したがって，$n \to \infty$ のとき $\vec{a_n} - \vec{k} = \vec{0}$

よって，

$$\vec{a_n} = \vec{k} = \frac{3\vec{a} + 4\vec{b}}{7} \quad \cdots\cdots ⑥$$

② 式から，$n \to \infty$ とき，

$$\vec{b_n} = \frac{1}{3}\vec{a_n} + \frac{2}{3}\vec{b} = \frac{1}{3}\left(\frac{3\vec{a} + 4\vec{b}}{7}\right) + \frac{2}{3}\vec{b} = \frac{\vec{a} + 6\vec{b}}{7} \quad \cdots\cdots ⑦$$

よって，⑥，⑦ からP君は線分ABを4：3に内分する点をC，6：1に内分する点をDとすればCDを往復する状態に限りなく近付く． [答]

12. 祖先が埋蔵した宝物探し

試問 25 ある青年が，曾祖父の遺品の中から，宝物を埋めてある場所を書いた紙片を見つけた。「広大な草原に桜の木と梅の木と松の木が1本ずつさびしく立っている。松から桜に向かって歩数を数えながら歩け。桜の木に着いたら右へ90度向きを変え，さらに同じ歩数だけ歩け。そして，そこに棒を立てよ。また，松から梅に向かって歩数を数えながら歩け。梅の木に着いたら左へ90度向きを変え，さらに同じ歩数だけ歩け。そこにも棒を立てよ。2本の棒の中間点に宝が埋めてある。」

青年が草原に来てみると，松の木は松食い虫に枯らされたか，跡形もなかった。青年は宝探しをあきらめた。この青年に代わって宝のありかをつきとめてもらいたい。

桜，梅，松の位置を平面ベクトルで表し，それぞれ $\vec{a}, \vec{b}, \vec{p}$ とする。任意の平面ベクトルを右に90°回す行列を R，左に90°回す行列を L とする。

(1) 行列 R と L を求めよ。
(2) 2本の棒の位置を $\vec{p}$ 等を用いて表せ。
(3) 2本の棒の中点が，$\vec{p}$ に無関係に定まることを示せ。
(4) 宝のありかを図示せよ。

自治医科大

ヒント 宝の埋蔵場所が発見できるかどうかと心がわくわくする問題です。内容はベクトルの回転を利用して考える**作図問題**となっています。問題文からそれぞれの目標または目印の位置を混同しないように注意して概略図を描きそれを手がかりにすれば，小問を解くことによって宝の場所の特定へと誘導されるようになっています。この問題は，幾何学的な方法によってベクトル・行列を用いないで解くことができます。（余談1．参照）

(1) ベクトル $\vec{a}$ を角 θ だけ回転する行列は，

$$\begin{bmatrix} \cos\theta & -\sin\theta \\ \sin\theta & \cos\theta \end{bmatrix}$$

（角 θ は左回りが正，右回りが負です）

(2) 題意から，$R = -L$ となり，R は L で表されます．
　式の表現は成分表示でなく，例えばベクトル $\vec{a}$ を右に 90°回転したベクトルは $\overrightarrow{La}$ の形で扱うと式が簡単になります．このとき，もちろん $|\overrightarrow{La}|=|\vec{a}|$ です．
(3) $\vec{p}$ に無関係とは，関係式に $\vec{p}$ が含まれないことを意味しています．
(4) 始点を桜とする $(\vec{a}=\vec{0})$ と作図が容易となります．

余談

1．虚数を用いるガモフの解法

　自然科学に関する種々の問題を分かり易い解説書で，世界の人々に科学への近親感と興味を与えその普及に多大の貢献をしたアメリカの物理学者ガモフはパズルの問題も巧みに取り入れ読者を引きつけています．
　例えば，名著『1, 2, 3 …… 無限大』の第 1 部．「数の遊び」では，巨大な数になる例として，インドの伝説"将棋の発明と王の褒美"（試問 18.）や"バラモンの塔"（試問 20.）の話題も取り入れられています．「$\sqrt{-1}$ の神秘」では，虚数は誕生してから多くの数学者の研究にも拘わらずその正体は長い間ベールに包まれていたことを述べ，しかし，このベールは複素数が平面の点で表示可能となり，その平面上では複素数 $a+bi$（a, b は実数，$i=\sqrt{-1}$）に i を掛ける演算が，点 (a, b) を原点を中心に反時計針回りの 90°回転が対応すると云う幾何学的な意味の解明により次第に取り除かれたと述べ，実際に虚数が応用できる簡単な例題として，今回の試問 25. が次のように取り上げられています．

　"ある冒険好きの青年が，曾祖父の残した書類の中から，宝物を埋めた場所をしるした羊皮紙を発見した．
　「南洋に無人島があり，島の北岸のさえぎるもののない広大な平原に，さびしく立っている 1 本の樫の木と 1 本の松の木および裏切り者を処刑した 1 台の絞首台がある．
　絞首台より樫の木に向かい歩数を数えて進み樫の木に到達したら右へ 90 度向きを変え，さらに同じ歩数だけ進み杭を立てよ．
　そして，再び絞首台より松の木に向かい歩数を数えて進み松の木に到達したら左へ 90 度向きを変え，さらに同じ歩数だけ進み杭を立てよ．2 本の杭の中間に宝物は埋めてある．」
　そこで．青年は船で南洋のこの無人島へ航海し到着した．だが，樫の木と松の木は発見したが，絞首台はあまりの歳月を経たため痕跡すらなかった．

12. 祖先が埋蔵した宝物探し

この青年は手当たり次第掘ったが平原は広すぎて無駄骨折りでついに諦めた."

ここで，ガモフはもしこの青年が虚数 i を使用できたならばその宝物を手にすることができたのに，悲しい話だと述べて，私が代わって探しだすことにする．として以下のような虚数を用いる解法が示されています．

解法： 樫の木と松の木を結ぶ直線を実数軸にとり，その中点を原点，原点を通り実数軸に垂直な直線を虚数軸とする．

いま，実数軸上にある樫の木と松の木の座標をそれぞれ (-1) と $(+1)$，また，絞首台の座標を (Γ) とすると，

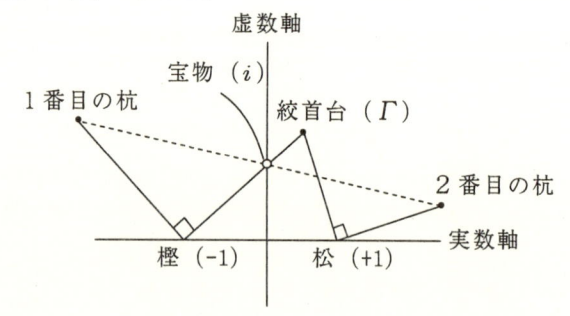

絞首台と樫の木および絞首台と松の木を結ぶ有向線分（ベクトル）はそれぞれ複素数，

$$-1-\Gamma = -(1+\Gamma) \quad \text{および} \quad 1-\Gamma$$

で表される．これらを示す点を左に90°回転するときは複素数 i，右に90°回転するときには複素数 $-i$ を掛ければよいから，

1番目の杭の座標： $-(1+\Gamma)\cdot(-i)-1 = i(\Gamma+1)-1$
2番目の杭の座標： $(1-\Gamma)\cdot i+1$

したがって，2本の杭の中点の座標は，

$$1/2\cdot\{(1-\Gamma)\cdot i+(1+\Gamma)\cdot i\} = i$$

これから，絞首台の位置は分からなくても宝物は $(+i)$ の位置に埋蔵されていることが分かります．ガモフは虚数の概念が物理で必要なためイメージ造りを目的に取り上げています．いろいろと内容豊富で分かり易く説明されています．是非読んで欲しい本の一冊です．

2．幾何学的解法

この問題を幾何学的に解くこともできます．

問題から条件を満たすよう作図して，その図に補助として正方形ＡＢＣＤを付け加えて考えることがポイントとなります．すなわち，

松，桜，梅，立てた2本の棒および宝のある位置をそれぞれ順に次の図のようにＰ，Ａ，Ｂ，K_1，K_2およびＭとします．

いま，点Ａ，Ｂの位置は分かっていますから辺ＡＢとＡＢを左向きに90°回転した辺ＡＤとで正方形ＡＢＣＤを作ります．

(1) 3点Ｐ，Ａ，Ｂが一直線上にないとき，

△ＰＡＢと△K_1ＡＤにおいて

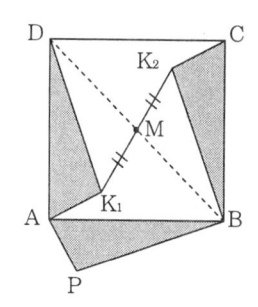

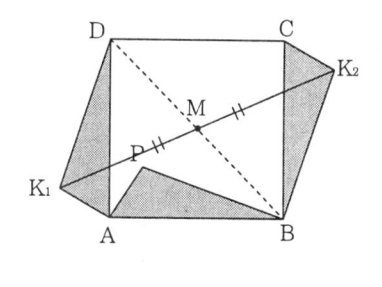

（Ｐが正方形の外部にあるとき）　（Ｐが正方形の内部にあるとき）

$$AB = AD, \quad AP = AK_1$$
$$\angle PAB = 90° - \angle BAK_1 = \angle K_1 AD$$

よって，2辺夾角相等から

$$\triangle PAB \equiv \triangle K_1 AD \qquad \cdots\cdots ①$$

同様に，△ＰＡＢと△K_2ＣＢにおいて

$$AB = BC, \quad BP = BK_2$$
$$\angle PBA = 90° - \angle ABK_2 = \angle K_2 BC$$
$$\therefore \quad \triangle PAB \equiv \triangle K_2 CB \qquad \cdots\cdots ②$$

①，②から

$$\triangle K_1 AD \equiv \triangle K_2 CB$$
$$\therefore \quad \angle ADK_1 = \angle CBK_2$$

よって，$\angle K_1 DB = \angle K_2 BD$ より $K_1 D = K_2 B$，$K_1 D \parallel K_2 B$

したがって，四辺形 K_1BK_2D は平行四辺形となります．
　ゆえに，対角線 K_1K_2 とＢＤは互いに他の中点を通り，点Ｍは平行四辺形の対角線ＢＤの中点となっています．
（2）3点Ｐ，Ａ，Ｂが一直線上にあるとき，3点Ｐ，Ａ，Ｂの位置関係は点Ｐが辺ＡＢ上またはその延長上にある場合がありますが，いずれの場合も（2）と同様に正方形ＡＢＣＤを作図すると，
$$K_1D = K_2B, \quad K_1D \parallel K_2B$$
より，四辺形 K_1BK_2D は平行四辺形となり点Ｍは対角線ＢＤの中点となります．

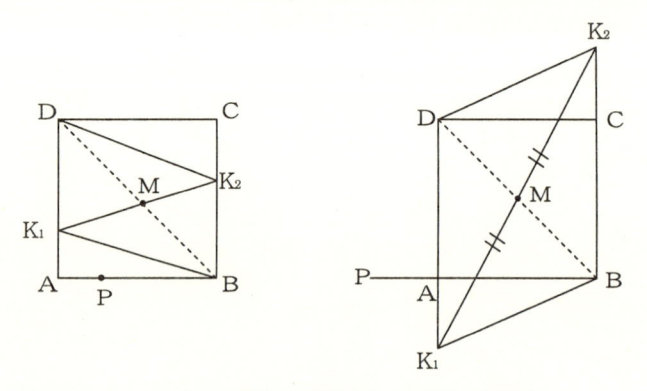

（ＰがＡＢの延長上のときも同様）

　（1），（2）から宝のありかは辺ＡＢを一辺としてＡＢを左向きに90°回転して辺を辺ＡＤとし正方形ＡＢＣＤを作ると，宝のありかは対角線ＢＤの中点となります．
　すなわち，宝のありかは点Ｐ（松）の位置に関係なく求められることが分かります．

3．目的物探しの問題

　ある物を探すとき，目的物が幾つかの場所のどこかにあることは分かっているけれどもその場所がどこであるか不明なことがあります．次の問題はそのような場合に目的物を探し出すまでの歩く距離に関する問題です．
　目的物が宝物となると一層力が入ります．挑戦してみて下さい．

問題．下図のように，Oから出る2本の道があって，それぞれの道に沿って，Oから距離1ごとに 10 個ずつの地点 $P_1, P_2, \cdots\cdots, P_{10}$ および $Q_1, Q_2, \cdots\cdots, Q_{10}$ がある．

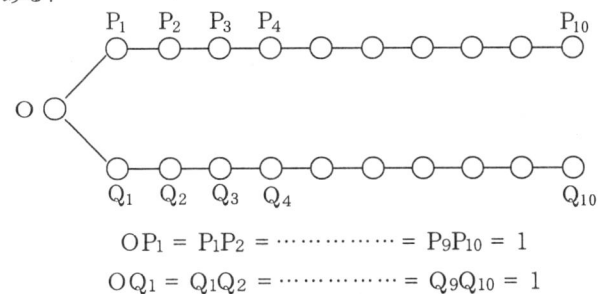

$$OP_1 = P_1P_2 = \cdots\cdots\cdots = P_9P_{10} = 1$$
$$OQ_1 = Q_1Q_2 = \cdots\cdots\cdots = Q_9Q_{10} = 1$$

いま，これら20個のうちのどこか1つの地点に目的物があり，2人の人A，BがOから出発して，歩いてそれを探しに行くことにする．Aは $P_1, P_2, \cdots, P_{10}$ の順に進み，それらのどの地点にも目的物がないときには，Oまで戻って $Q_1, Q_2, \cdots, Q_{10}$ の順に探す．BはOに近い地点から順に探す方針で，まず P_1 に行き，そこに目的物がなければすぐにOに戻ってから Q_1 に行き，Q_1 になければ Q_2 に行き，Q_2 にもなければOに戻ってから P_2，次に P_3 に行き，なければまたOに戻ってから Q_3，次に Q_4，に行き，以下同じように2地点探すたびにOに戻って，目的物を探しあてるまで交互に両方の道を探すことにする．AとBは互いに独立に行動するものとして，次の問に答えよ．

(1) Aが目的物を探しあてるまでに最も長い道のりを歩く場合，Aはいくら歩くか．また，Bが目的物を探しあてるまでに最も長い道のりを歩く場合，Bはいくら歩くか．

(2) 目的物が Q_{2n} ($1 \leq n \leq 5$) にあるとき，Bはそれを探しあてるまでにいくら歩くか．n の式で表せ．

(3) BがAと同じ道のりかまたはAより短い道のりを歩いて目的物を探しあてるのは，目的物がどの地点にあるときか．それらの地点をすべて求めよ．

法政大．(工)．

図を参考にして歩き方を確かめながら式を作っていけば比較的容易と思います．

12. 祖先が埋蔵した宝物探し

解答：

（1） Aについて：道のりが最も長くなるのは目的物がQ_{10}にあるときです。よって，

$$2 \times OP_{10} + OQ_{10} = 20 + 10 = 30$$

Bについて：道のりが最も長くなるのは目的物がP_{10}にあるときです。よって，

$$2(OP_1 + OQ_2 + OP_3 + OQ_4 + \cdots\cdots + OP_9 + OQ_{10}) + OP_{10}$$
$$= 2(1 + 2 + 3 + 4 + \cdots\cdots + 9 + 10) + 10$$
$$= 2 \times 55 + 10 = 120$$

∴ **Aは30，Bは120** [答]

（2） $n=1$のとき，

$$2OP_1 + OQ_2 = 2 + 2 = 4$$

$n \geq 2$のとき，

$$2(OP_1 + OQ_2 + \cdots\cdots + OP_{2n-1}) + OQ_{2n}$$
$$= 2\{(1 + 2 + \cdots\cdots + (2n-1)\} + 2n$$
$$= 2 \times \frac{(2n-1)2n}{2} + 2n = 4n^2$$

$n=1$のとき4より，これを含む。

以上から，**$4n^2$**． [答]

（3） 目的物がP_k（$1 \leq k \leq 10$）にある場合，
Aが歩く距離はk．Bが歩く距離は$k=1$のときAと同じ．
$2 \leq k \leq 10$のときQ側の道を探す道のりだけAより多く歩くことになる。
よって，求める地点はP_1のみである．

目的物がQ_kにある場合，
Aが歩く距離は$20+k$．Bが歩く距離は，
$k=2n-1$のとき

$$4n^2 - 1 = 4\left(\frac{k+1}{2}\right)^2 - 1 = k^2 + 2k$$

よって，

$$k^2 + 2k \leq 20 + k \quad から，\quad (k+5)(k-4) \leq 0$$

kは奇数だから，$k=1, 3$
$k=2n$のとき，$4n^2 = k^2$

よって，
$$k^2 \leqq 20+k \quad から, \quad (k-5)(k+4) \leqq 0$$
k は偶数だから，$k=2, 4$
以上から，求める地点は Q_1, Q_2, Q_3, Q_4.
$$\therefore \quad P_1, Q_1, Q_2, Q_3, Q_4 \quad [答]$$
結果から，Aの探し方がBの探し方より有利であることが分かります．

4．スティーヴンソンの『宝島』の地図

"宝探し"と云えば，すぐ幼い頃に読んだスティーヴンソン（R. L. Stevenson. 1850-94）の小説が思い浮かびます．右の地図は彼が描いた"宝島"の地図です．

この不思議な地図が生まれる迄のスティーヴンソンが辿った道程を見てみましょう．

スティーヴンソンはスコットランドのエディンバラで曾祖父の代から名の知られた燈台建築師の家系に一人息子として生まれました．父のトマス・スティーヴンソンは北英国燈台局に勤め優れた才能によりスコットランド西岸の多くの燈台の設計・建築に係わりました．日本の明治政府も西洋式燈台建設について教示を求めたほどの人です．当然ながら父は息子もこの仕事を継ぐことを望みましたが，幼くして呼吸器疾患にかかり体が弱いせいもあって，読書を好み文筆に関心を持ちました．

16才の時父の勧めでエジンバラ大学土木工学科に進みますが，講義に関心はなく欠席し，各種のサークルに出入りしていました．

21才の時父の強い反対を押して作家になる決意をします．失望の父は作家として失敗した時のため弁護士の資格を取得することを勧め，それに従い 26 才

のときスコットランドでその資格を取りました．そして，翌年，文筆活動を始めるためパリに移ります．そこで，イソベルとロイドの2人の子を連れた11才年上のファニー・オズボーンと云うカリフォルニアから来た女性と知り合い恋仲になりました．彼女は夫の経済的破綻のため別居して子供を教育するのが目的でパリへ来て間もない時でした．やがて彼女は夫の元に帰りますが離婚訴訟を起こした知らせにスティーヴンソンは友人達の助言を聞かず移民の船や列車を利用して，金もないまま彼女の所へ向かいます．体力も衰え貧民街の安宿で死を目前にした生活を送りますが，窮状を知った父からの送金が命を救いました．1880年にファニーの離婚が成立し，29才のスティーヴンソンは40才の彼女と結婚して，ロイドを連れサンフランシスコ北方の山地へ休養に向かいました．そこへ両親から帰国するように云われて3人はエディンバラへ里帰りをします．両親はファニーが気に入り，また，父とのしこりも取れて，翌1881年には，ハイランド地方のプレイマーで文筆活動を続けることにしました．この頃，彼の慰みは身をもてあますロイドと戯れることでした．

　ある時，スティーヴンソンはロイドの退屈凌ぎのため一枚の島の地図を描きました．これが冒頭に記した地図です．彼は自分でもこの地図が大変気に入りその地図を"宝島"と名付けました．じっと眺めていると小説に描かれた人物達が島の自然の中を動きまわる様子が次々に浮かんできたと云います．彼はこの地図を用いて宝物探しの冒険物語を作ることを考え1日1章の運筆で書いては，それをロイドや家族に読んで聞かせました．喜んだのはロイドですが父も興味をもち作品にヒントを与えたと云います．

　作品は，1881年10月から少年誌に掲載され，1883年には単行本が出版され少年だけでなく大人にも読者が広がりたちまちベストセラーとなりました．また名著『ジキル博士とハイド氏』は1886年の作品です．

◀ 解 答 ▶

(1) $R = \begin{bmatrix} \cos(-90°) & -\sin(-90°) \\ \sin(-90°) & \cos(-90°) \end{bmatrix} = \begin{bmatrix} 0 & 1 \\ -1 & 0 \end{bmatrix}$

$L = \begin{bmatrix} \cos 90° & -\sin 90° \\ \sin 90° & \cos 90° \end{bmatrix} = \begin{bmatrix} 0 & -1 \\ 1 & 0 \end{bmatrix}$

(2) 下図のように，桜，梅，松，および2本の棒の位置をそれぞれA,B,Pお

よび K_1, K_2 とし，また，K_1, K_2 の位置ベクトルを $\vec{x_1}, \vec{x_2}$ とすると，

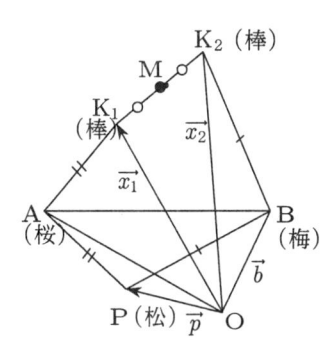

$\overrightarrow{AK_1} = L\overrightarrow{AP}$, $\overrightarrow{BK_2} = R\overrightarrow{BP}$ より，
$$\vec{x_1} - \vec{a} = L(\vec{p} - \vec{a}), \quad \vec{x_2} - \vec{b} = R(\vec{p} - \vec{b})$$
$$\therefore \quad \vec{x_1} = \vec{a} + L(\vec{p} - \vec{a})$$
$$\vec{x_2} = \vec{b} + R(\vec{p} - \vec{b}) = \vec{b} - L(\vec{p} - \vec{b})$$

(3) よって，宝の位置は，
$$\frac{\vec{x_1} + \vec{x_2}}{2} = \frac{\vec{a} + \vec{b} - L(\vec{a} - \vec{b})}{2}$$

これから，宝は松の位置 $\vec{p}$ に無関係である

(4) 桜の位置を始点とすると $\vec{a} = \vec{0}$ より，宝の位置は，$\dfrac{\vec{b} + L\vec{b}}{2}$ だから，次の図の点Mである．

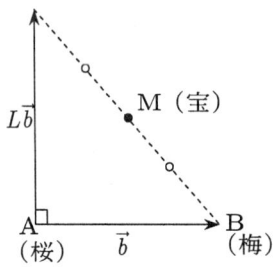

13. 暗号文の解読

■**試問 26**■ アルファベットA, B, C, …, Z に数字1, 2, 3, …, 26 を対応させる．そして2つの整数 α と β は $\alpha - \beta$ が 26 の倍数のときは同じものとみなし $\alpha \equiv \beta$ と表すことにする．例えば $38 \equiv 12, 0 \equiv 26, -6 \equiv 20$ である．こうすることによって，おのおのの整数に対してアルファベットA, B, C, …, Z のどれかを対応させることができる．次に例えば4文字の単語HELPには

$$\text{HELP} \longleftrightarrow \begin{bmatrix} H & E \\ L & P \end{bmatrix} \longleftrightarrow \begin{bmatrix} 8 & 5 \\ 12 & 16 \end{bmatrix}$$

のように行列 $\begin{bmatrix} 8 & 5 \\ 12 & 16 \end{bmatrix}$ を対応させることによって符号化する．いま，行列 $\begin{bmatrix} 2 & 1 \\ 5 & 3 \end{bmatrix}$ を固定して，例えばHELPを相手に送るには $\begin{bmatrix} 8 & 5 \\ 12 & 16 \end{bmatrix}$ に左から $\begin{bmatrix} 2 & 1 \\ 5 & 3 \end{bmatrix}$ を掛けてできる暗号行列 $\begin{bmatrix} 2 & 26 \\ 24 & 21 \end{bmatrix}$ を送る．さて，A国企業のX社の社長が，X社のB国支店長に対して，B国企業のY社を買収する相談をするため次のメッセージを送った．$\begin{bmatrix} 1 & 13 \\ 10 & 5 \end{bmatrix}, \begin{bmatrix} 19 & 22 \\ 6 & 25 \end{bmatrix}, \begin{bmatrix} 23 & 15 \\ 21 & 10 \end{bmatrix}$ この暗号文を解読せよ．（英文のままでよい）

横浜市大．（商）．

問題の暗号形式は 1929 年にアメリカの数学者 L.S. ヒルが発表した有名な換字式（余談1．参照）の暗号文です．ただし，ヒルの場合は単語を行列でなくベクトルに対応させています．すなわち，固定する行列を同じ $\begin{bmatrix} 2 & 1 \\ 5 & 3 \end{bmatrix}$ を用いるとき，例えば，原文の最初がHELPであれば，

$$\text{HELP} \longleftrightarrow [H, E], [L, P] \longleftrightarrow [8, 5], [12, 16]$$

のように原文を2字に区切ってこのベクトルを，

$$\begin{bmatrix} 2 & 1 \\ 5 & 3 \end{bmatrix}\begin{bmatrix} 8 \\ 5 \end{bmatrix} = \begin{bmatrix} 21 \\ 3 \end{bmatrix}, \begin{bmatrix} 2 & 1 \\ 5 & 3 \end{bmatrix}\begin{bmatrix} 12 \\ 16 \end{bmatrix} = \begin{bmatrix} 14 \\ 4 \end{bmatrix}$$

と計算して，暗号ベクトルとして $[21,3]$，$[14,4]$ を送ります．原文を何個に区切るかは固定した（逆行列が存在する）正方行列によって決まります．3行3列であれば3個ずつ区切ることになります．

一般に，**暗号**とは情報が当事者（発信者と受信者）以外の第三者に分からなくするために情報を符号等に変換して送信することを云います．そのとき，発信者が送る元の文を**平文**，平文を符号に変換するときの規則を**暗号鍵**，この暗号鍵によって変換され符号化した文を**暗号文**と云います．また，発信者が暗号鍵によって平文を暗号文に変換することを**暗号化**，逆に受信者が暗号文を平文に変換することを**複号化**と云います．

さて，暗号文は暗号鍵さえ分かれば当事者以外でも容易に平文に変換され情報は漏れることになります．このように第三者が何らかの方法で暗号鍵を知り暗号文を平文に変換することを暗号の**解読**と云います．

すなわち，このシステムを図示すると，

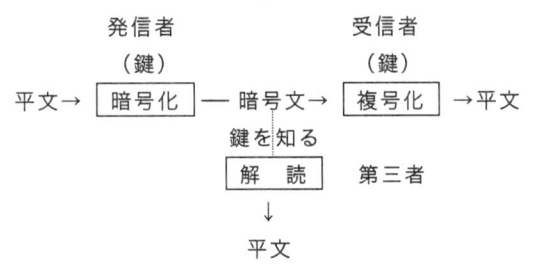

```
           発信者              受信者
           （鍵）              （鍵）
    平文→ 暗号化 ── 暗号文→ 複号化 →平文
          鍵を知る
            解 読      第三者
              ↓
             平文
```

となります．

（ヒント）　問題の暗号鍵を整理すれば3つの変換となっています．
(1) 変換Ⅰ：アルファベット→数字

　　　　　アルファベット：A，B，C，……，Z
　　　　　　　　　　↓　　↓　↓　↓　　　↓
　　　　　数　　　字：1，2，3，……，26

　　ただし，整数 α，β について，
$$a - \beta = 26k \ (k \text{ は整数}) \text{ ならば } \alpha \equiv \beta$$
(2) 変換Ⅱ：使用平文は4文字の単語を使用し2行2列の行列を対応させる．
$$\text{数字}: abcd \to \text{行列}: \begin{bmatrix} a & b \\ c & d \end{bmatrix}$$
(3) 変換Ⅲ：行列→暗号行列

13. 暗号文の解読

$$\text{暗号行列}:\begin{bmatrix} p & q \\ r & s \end{bmatrix} = \begin{bmatrix} 2 & 1 \\ 5 & 3 \end{bmatrix}\begin{bmatrix} a & b \\ c & d \end{bmatrix}$$

となっていますから，したがって，暗号文の解読にはこれらの変換を逆にたどって行けばよいことになります．

余談

1．暗号には，基本的なものに3つの形式があり，解読を一層困難にするためにこれらの併用や，工夫によってさらに複雑化したものがあります．基本的なものについて述べてみると次のようです．

(1) 換字式：平文の構成単位を他の文字，数字，記号やそれらの列に変換する方法で，今回の問題はこの方式によるものでありアルファベットが数に変換されています．

この形式はローマのジュリアス・シーザー（Julius Caesar.B.C. 102-44.）やアウグストゥス帝（Augustus）などが使用した方法として知られ，シーザーの暗号と呼ばれています．しかし，シーザーの考察したものではなく，彼以前にヘブライの神秘学者の創案によるものとされています．その形式はアルファベットを何個かずらして対応させる簡単なもので，シーザーは3字ずらして，

$$\begin{array}{ccccccccc} A, & B, & C, & D, & \cdots\cdots, & W, & X, & Y, & Z \\ \downarrow & \downarrow & \downarrow & \downarrow & & \downarrow & \downarrow & \downarrow & \downarrow \\ D, & E, & F, & G, & \cdots\cdots, & Z, & A, & B, & C \end{array}$$

とし，アウグストゥスは1字ずらしZにはAではなくAAとしています．

$$\begin{array}{ccccccccc} A, & B, & C, & D, & \cdots\cdots, & W, & X, & Y, & Z \\ \downarrow & \downarrow & \downarrow & \downarrow & & \downarrow & \downarrow & \downarrow & \downarrow \\ B, & C, & D, & E, & \cdots\cdots, & X, & Y, & Z, & AA \end{array}$$

例えば，平文 Rome を暗号文にすれば

　　シーザー：Urph

　　アウグストゥス：Spnf

となります．

数値を用いる形式もすでにギリシャの歴史家ポリュビオス（Polybios. B. C.201?-120?）が創案し，それは問題のようにアルファベットに1から順に対応させるのではなくアルファベットを何個かに区切って積み重ねその位置に

より横（座標）を10位，縦（座標）を1位の数とし2桁の数（座標→数）を対応させるもので，ポリュオスは次のように5個に区切っています。iとjは同一位置にありますが前後関係からどちらかを判断します。

ジュリアス・シーザー（ユリウス・カエサル）　アウグストゥス

↱	1	2	3	4	5
1	a	f	l	q	v
2	b	g	m	r	w
3	c	h	n	s	x
4	d	i・j	o	t	y
5	e	k	p	u	z

ポリュビオスの換字表

これによって，Romeを暗号文で示すと，
$$24-43-23-51$$
となります。

　16世紀には，イギリスの哲学者フランシス・ベーコン（Francis Bacon. 1561-1624）は著書『学問の発達』（1623：一部は1605）の中でa，bの二つの記号を5個並べて列を作りそれをアルファベットA，B，C，……に対応させる二記号暗号について述べています。

　すなわち，ベーコンの二記号暗号は
　A = aaaaa,　B = aaaab,　C = aaaba,　D = aaabb,　E = aabaa,　……,
　I・J = abaaa,　……,
　U・V = baabb,　……,
　Y = babba,　Z = babbb,

で表します．これによると平文 Rome は，

baaaa　ababb　ababb　aabaa

となります．しかし，ベーコンはこのまま暗号として用いるのではなく，5倍の字数となったこのaとbの列に字数が同じ何かの文を作り「a」の位置は普通の字体で「b」の位置はイタリック体でかいて暗号化しています．
例えば，20文字の文を

<u>M</u>y moth<u>e</u>r <u>was</u> <u>not</u> <u>s</u>trong

とすると，アンダーラインのない文字は普通字体で「a」を意味し，アンダーラインのある文字はイタリック体で書かれ「b」を意味していることになり，これをaとbの列に直して5個ずつ区切って複号化すれば Rome となります．

(2) 転置式：平文の構成単位の位置を変える（順番を乱す）ものです．逆順にしたり，縦横の字数を揃えて書き行と列を交換するのは最も簡単な形式です．しかし，以下の例のように文をばらし文字の位置を変えて複雑化したものもあります．オランダの数学者ホイヘンス（Christiaan Huygens．1629-1695）は1665年に土星の環があることを発見し，その環のようすをラテン語で，

　Annulo, cingitur, tenui, plans, nusquam cohaerente ad eclipticam inclinato
　［薄く，平らな，（土星と）接触しない，しかも黄道に対して傾きをもつ環である．（　）は追加．
と説明し，ラテン文を暗号によって

　　　aaaaaaaccccccdeeeeeghiiiiiiillllmmnnnnnnnnnooooppqrrssttttttuuuuu.

と記しています．また，ニュートン（Isaac Newton．1643-1727）とライプニッツ（Gottfried Wilhelm Leibniz．1646-1716）との微積分学の先取権論争は大変有名ですが1676年にニュートンはライプニッツ宛の2回目の手紙で微分法で得られた重要な部分はラテン語を暗号文にして，
aaaaaaccdœeeeeeeeeeeeeffiiiiiiilllnnnnnnnnnooooqqqqrrsssstttttttttvvvvvvvvvvvvvx

（これを略記して，
　　　　　6accdœ13eff7i3l9n4o4qrr4s9t12vx

と表すこともあります．)

と記しました．ライプニッツにはこの暗号文の解読が出来ませんでした．ラテン語の暗号と分かってもこれらの文字を文に直すことは大変な作業であると同時に文は唯1通り出来るとは限りません．ニュートンは暗号の部分を9年後の1686年に出版した『プリンキピア』で明らかにしました．それは，

Data œquatione quotcunque fluentes quantitates involvente fluxiones invenire et vice versa.

（流量を含む任意の方程式が与えられたとき，その流率を求めること，およびその逆の方法＝微積分法を発見示す）

と云うものでした．ライプニッツはニュートンの発見を知らないまま1677年に本質的には同内容の微積分法の基礎に関する独自の方法を手紙で示したため，発表はニュートンに先んじて公表する結果となりました．

ニュートンが用いた暗号は明らかにホイヘンスと同種のものです．

ホイヘンス　　ニュートン

（3）挿入式：平文の構成単位の間に，他の文字を挿入する形式です．挿入する字数が一定のものや文章の中に隠字とするものなどがあります．例えば，Rome を隠字として，

aird rome（飛行場）

を用いるようなものです．

2．暗号は，外交や軍事で極秘通信のため使用されていることは衆知の通りです．

過去，暗号を解読された側と解読した側で大打撃を受けたり大勝利を得た有名な例をいくつか上げてみましょう．

フランスのアンリⅣ世（在位：1589-1610）に補佐官として仕え数学の上でも多大な業績を残した**フランシスクス・ヴィエタ**（1540-1603）はスペイン国の通

13. 暗号文の解読

信文を解読しました．

フランスでは1562年以来30年以上に及ぶ旧教とカルヴァン派の新教徒ユグノーとの間に宗教戦争が続きました．反宗教改革を主導するスペインはフランスの旧教徒を支援し，また，ドイツの新教徒，オランダ，イギリスはユグノーを援助したためフランスは外国勢力の介入に脅かされていました．カルビニストのヴィエタはその首領であった（後の）アンリIV世の元で活躍をしていました．この頃スペイン王室は各国の旧教徒の指導者と暗号文を用いて連絡を取っていたようです．アンリIV世がこのスペインのフィリップII世からネーデネランド総督宛の（500個以上の記号を含む）暗号文を入手し，それをヴィエタが解読して，有利となりました．解読の事実は2年近くも内密にされていましたが，解読不可能と信じていたフィリップII世は，解読者は魔法使いだとしてローマ法王に告訴しましたが枢機卿による審査会では結論が出ないままとなりました．当時，魔法使いは厳しく罰せられたことによる告発です．

ヴィエタの解読法がどんな手法だったかは分かりませんが基本的には文字頻度の分析によるのではないかと云う推測もあります．アンリIV世は王位を継承後，自らは旧教に改宗して，"ナントの勅令"を発し，ユグノーにも信教の自由や市民権を与えることで内戦は終了することになります．

我が国でも外交や軍事で秘密通信に暗号を用いましたが，しかしそれは悉くアメリカのブラック・チェンバー（機密室）に解読され大敗を喫しました．

第1次世界大戦開始（1914年）の前年に国務省に勤務していたハーバード・ヤードリーが創設したブラック・チェンバーは大戦開始と共に彼が陸軍情報部に所属して正式に組織されました．先ずドイツ軍の暗号解読に成功しました．続いて日本が大陸進出や軍備強化に傾き，アジアでは，反発運動が起こり始めてアメリカは1921～22年にアジア・太平洋地域の安定をはかるため，ワシントン会議を提唱し米，英，日，仏，伊の主力艦保有のトン数制限等を含む九カ国条約を結びました．このとき，アメリカ国務省は日本の本国と駐米大使との間を往復している暗号通信の解読をヤードリーに命じ，彼は苦心をしましたが事前に解読に成功したため会議中の日本側の極秘指令は漏れてアメリカ側の主張に押し切られることになりました．ブラック・チェンバーはイギリスの暗号も解読したようです．

ところが，1929年ヘンリー・スティムソンが国務長官となったとき，他国

の外交電報を解読することは道義上なすべきではないとして予算の打切りで活動は一度停止となります．しかし，1930年代になると陸軍省は通信隊情報部を新設しウィリアム・フリードマンを廃止された暗号解読活動の復活と暗号作成の担当官に任じました．最初，日本は"赤（レッド）"システム（九一式＝皇紀2591年開発）の暗号を使用していましたが漏れていることを察知し外交用の"紫（パープル）"システムに（九七式＝皇紀2597年）を新たに開発しました．しかし，この暗号も1940年には暗号の天才と云われるフリードマンに解読されていたと云います．

日本は大東亜共栄圏の構築を唱え南方諸国の資源獲得や治安維持を狙い，これに対してアメリカは日本のアジア諸国への侵略・占領を警戒して両国間で1941年初めから日米交渉が始まります．しかし，進展なく，遂に日本が12月8日ハワイの真珠湾を奇襲して太平洋戦争に突入しました．アメリカ側は日本側の暗号による外交指令も軍事情報もすべて傍受して事前に解読して知っていたと云われています．

日本の軍部が開戦を知らせた暗号は，海軍が「ニイタカヤマノボレ 1208」，陸軍は「ヒノデハヤマガタトス」であったことはよく知られている通りです．"ニイタカヤマノボレ"や"ヒノデ"は"開戦"を表しています．その期日は海軍はそのまま数字とし，陸軍は12月開戦は了解済みで日には都市名を用いて，広島＝1日，福岡＝2日，……，山形＝8日，……のように決められていました．

蛇足ですが公務員（地方・国家）試験には判断推理の問題として暗号解読が頻出しています．次の問題は国家Ⅲ種の問題例です．解読してみて下さい．

問題：ある商事会社の社員は，作物の買い付けに外国に行ったが，本社へ至急連絡することが起こった．しかし，他社に知られては困るので，暗号を使って発信することにした．このようなときのために事前に決められていた基本文は「22, 72, 55, 11, 12」で，これは「き み の あ い」と解読することになっている．

現地からは「21, 54, 45, 62, 45, 12, 93」という暗号文が送られ，本社ではすぐ手配し買い付けに成功した．

この暗号文に関する記述として，正しいものは次のうちどれか．

13. 暗号文の解読

1.「か ね と ひ と こ い」　2.「か ね お く れ す ぐ」
3.「か ね と ひ と い る」　4.「ひ と お く れ す ぐ」
5.「か ね ひ と た り ぬ」

(ヒント) ポリュビオスの換字式暗号です.　　[答] 3.

◀ 解 答 ▶

元の単語を数に変換した行列を X, その暗号行列を Y, 固定行列を A とすると,

$$Y = AX \quad \therefore \quad A^{-1}Y = X$$

また, A^{-1} を求めると

$$A^{-1} = \begin{bmatrix} 3 & -1 \\ -5 & 2 \end{bmatrix}$$

よって, 元の単語の行列を順に求めて, アルファベットに変換すると,

$$\begin{bmatrix} 3 & -1 \\ -5 & 2 \end{bmatrix}\begin{bmatrix} 1 & 13 \\ 10 & 5 \end{bmatrix} = \begin{bmatrix} -7 & 34 \\ 15 & -55 \end{bmatrix} = \begin{bmatrix} 19 & 8 \\ 15 & 23 \end{bmatrix} \leftrightarrow \begin{bmatrix} S & H \\ O & W \end{bmatrix}$$

$$\begin{bmatrix} 3 & -1 \\ -5 & 2 \end{bmatrix}\begin{bmatrix} 19 & 22 \\ 6 & 25 \end{bmatrix} = \begin{bmatrix} 51 & 41 \\ -83 & -60 \end{bmatrix} = \begin{bmatrix} 25 & 15 \\ 21 & 18 \end{bmatrix} \leftrightarrow \begin{bmatrix} Y & O \\ U & R \end{bmatrix}$$

$$\begin{bmatrix} 3 & -1 \\ -5 & 2 \end{bmatrix}\begin{bmatrix} 23 & 15 \\ 21 & 10 \end{bmatrix} = \begin{bmatrix} 48 & 35 \\ -73 & -55 \end{bmatrix} = \begin{bmatrix} 22 & 9 \\ 5 & 23 \end{bmatrix} \leftrightarrow \begin{bmatrix} V & I \\ E & W \end{bmatrix}$$

であるから, 解読すると

　　　　　SHOW YOUR VIEW　　　[答]

である.

14. 2種の演算記法

■ **試問 27** ■ (1) 4則演算を新たに次のような記号で表わすことにする.
　　　　　加法 $x+y$ は Axy
　　　　　　　$-y$ は Sy （減法 $x-y=x+(-y)$ だから $AxSy$ となる）
　　　　　乗法 $x \times y$ は Mxy
　　　　　除法 $x \div y$ は Dxy

上式左辺の表わし方を標準記法といい，右辺の新しい表わし方を接頭辞記法という．次の問いに答えよ．
  (a) 式 $a(x-b \div y)+c$ を接頭辞記法で表わすと ☐ となる．
  (b) 接頭辞記法の式 $DAM2aS5x$ を標準記法で表わすと ☐ となる．
  (c) 式 $x+y+z$ を2通りの接頭辞記法で表わすと ☐ , ☐ となる．

(2) 任意の記号のランクというものを次のように決める．
定数，変数はランク1 演算 S はランク0 演算 A, M, D はランク-1
このとき接頭辞記法の式 $F=f_1 f_2 \cdots f_n$ の各 f_i はランク $r_i \ (i=1,2,\cdots,n)$ をもつ（たとえば，$F=ADxyz$ ならば $f_1=A$, $f_2=D$, $f_3=x$, $f_4=y$, $f_5=z$, $r_1=r_2=-1$, $r_3=r_4=r_5=1$）．このランクの和を $r_i+r_{i+1}+\cdots+r_n=R_i$ と表すとき，$R_1=1$, $R_i \geq 1 \ (i \geq 2)$ が成立すれば，式 F を正しい式と定義する．このとき次の式が正しいか否かを判定せよ．（計算式も示せ）
  (a) $F=AM3xS5$
  (b) $F=DAMaxbxDMAM2xS1AM3x2$

　　　　　　　　　　　　　　　　　　　　　　　　　　　　　　長崎造船大.

前問は暗号文の解読を考えましたが，暗号を使用する目的は情報が当事者以外の者には知られないように秘密通信の手段として文章を記号化や符号化しました．これに反して，数学では演算や説明を簡潔とし，また出来るだけ誰にも分かり易くするように記号化や符号化が工夫されてきました．

この問題では，$+, -, \times, \div$ を使用する演算法を標準記法とし，これに対して英語では加法が Addition, 減法が Subtraction, 乗法が Multiplication および除法

14. 2種の演算記法

がDivisionであるのでその頭文字のA, S, M, Dを演算記号として新しい接頭辞記法を定義し2つの記法間で演算式を相互に変換するものです．また，接頭辞記法は演算記号が文字であるため式は文字と数の並列となり式として成立している（正しい）かどうか分かりにくく，そこでランクによってそれを判定しようというものです．

日頃，標準記法に慣れているので接頭辞記法への変換は暗号作りと同種の面白さが含まれていると思います．

(ヒント) この問題を解く重要な点は演算を指定する接頭辞 A, M, D の後には数または変数が2つ，また，S の後には1つがくることです．例えば，

$$A2a, \quad Mxy, \quad D5x, \quad Sy$$

のような形となります．そして，それらの全体は演算の結果として1つの数を表わしているとみることもあります．すなわち，

$$Ax\underline{Day} \Leftrightarrow x+\underline{(a \div y)}$$

のようにアンダーラインの部分は計算の結果を示す1つの数として扱うことになります．

(1) (a), (b) は上の説明を参考にして解いて下さい．(c) は加法の結合法則，すなわち

$$x+y+z=(x+y)+z=x+(y+z)$$

から容易です．

(2) 定義にしたがって，$F=f_1 f_2 \cdots\cdots f_n$ のとき，

$$R_1 = r_1 + r_2 + \cdots + r_n$$
$$R_2 = r_2 + r_3 + \cdots + r_n$$
$$\vdots$$
$$R_n = r_n$$

を計算して判定すればよい訳です．

正しい式とする理由は接頭辞記法の式 F の頭（左端）には最後の演算を示す記号の A, M, D または S のいずれかがきます．頭が S でなければ，A, M, D のどれかでこれらの後には数または変数が2つくることになり，$-1+2=1$ でこれが R_1 です．頭が S ならばその後に数または変数が1つきて，$0+1=1$ よりこの場合も $R_1 = 1$ です．以上から，常に $R_1 = 1$ であることが分かります．次に，$i \geqq 2$ のときには，演算記号（負）の個数が数または変数の個数（正）を越えることはないから，$R_i \geqq 1$ となります．

> **余談**

1. 現在では，演算記号として＋，－，×，÷，＝は定着していますが，これらの記号が採用されるまでには長期にわたって紆余曲折の経過を辿りました．初期においては言葉で説明したり，記述の仕方で区別したりしていましたが，次第に略号から記号へ変化しました．

　これらの記号が何時頃，誰の印刷本で最初に採用されたのかを知られていることを以下に列記してみましょう．

（1）＋と－の記号

　1489 年ドイツのヨハネス・ウイッドマン（Johannes Widmann.1460-1498?）が商業の算術書『あらゆる商取引の敏捷で上手な計算法』で使用．右のページで

　左上から順に

$$4 + 5$$
$$4 - 5$$
$$\vdots$$
$$3 + 9$$

と記されています．（－の記号は横に長い．）

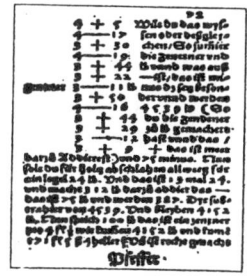

1489：ウイッドマン著
（最初の＋と－の記

　ただし，ここでの＋，－の記号は量の「過多」と「不足」，すなわち「余る」と「足りない」の意味で，「加える」と「引く」として使用したのでありません．演算記号としたのは 1514 年のオランダのファンデル・ホエッケ（Giel Vander Hoeck）の著『代数学』でした．

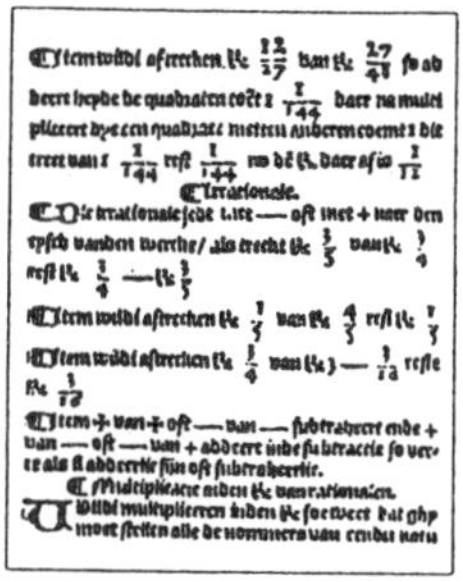

（記号の由来）　記号＋，－となった経過については不明で，＋，－ともそれぞれ幾つかの説があります．＋は印刷術の発明された頃にラテン語の et（＝and）が走り書きされたのが

1514：ホエッチ著
（演算記号の＋と－の記号）

転じていったとするもの，また，－は minus の頭文字を用いて $\overline{M}$ と記していたのを M を取って略記したものとする説が有力とされています．

(2) ×・と÷の記号

1631年イギリスのウィリアム・オートレッド（Wiliam Oughtred. 1575-1660）は算術と代数の教科書『数学の鍵』で×の記号を使用しました．右のページの最初の2行は，"乗法は与えられた2つの量が異なる文字のときはinまたは×の記号で結び，等しい量のときは普通は記号なしで結ぶ．そして，………"とあり，×の使用方法を説明した個所です．

乗法の記号として×の代わりに・を最初に使用したのはドイツのレギオモンタヌス（Regiomontanus. 1436-1476）と云われています．後にイギリスのトーマス・ハリオット（Thomas Harriot. 1560-1621）が『解析術演習』（1631）で次のように使用しています．

$$aaa - 3 \cdot bba = + 2 \cdot ccc$$
$$(x^3 - 3b^2 x = 2c^3)$$

1631：オートレッドの著

この書で，不等号＞や＜が初めて使用されました．また，ドイツのライプニッツ（Leibniz. 1646-1716）も×は未知数Xと紛らわしいとして，・を使用しその意義を指摘しました．（1693）

オートレッド　レギオモンタヌス

次に，÷の記号は1659年にスイスのヨハン・ハインリッヒ・ラーン（Johan Heinrrich Rahn. 1622-1676）が『代数学』（1659）で使用しました．右のページの中段から下8行に連立方程式の解法が述べてあり，縦線（列）は左から順に，式の操作，式の番号，式の変形に区切られ，横（行）はこれらの（操作・番号・変形）が対応するように記されている．

		D と G は定数
$a = ?$	1	$a + b = D$
$b = ?$ (a, b の値を求める)	2	$\dfrac{a}{b} = G$
1 (の両辺) $- b$	3	$a = D - b$
2 (の両辺) $\times b$	4	$a = bG$
3, 4 から	5	$D - b = bG$
5 (の両辺) $+ b$	6	$D = b + bG$
6 (の両辺) $\div (1 + G)$	7	$\dfrac{D}{1+G} = b$
1 (式) $-$ 7 (式)	8	$\dfrac{DG}{1+G} = a$

式の操作の部分に ( ) 内を補って考えればよく, 7 式に ÷ の記号がみられます.

(記号の由来) 記号 ×, ÷ となった経過については, × は最初大文字 X を用いていたのが変化したとされ, ÷ は分割の記号で使用していたのが転じたなどの説がありますがこれもはっきりしていないようです.

(3) = の記号

1557 年にイギリスのロバート・レコード (Robert Recorde. 1510-1558) が代数学の著書『知恵の砥石 (といし)』で用いました.

(上)
レコードの像
別著『知識への道』
(1551) P.60.装飾頭
文字 G の中に描かれ
たもの
　　　　(右)
1557 年：レコード著

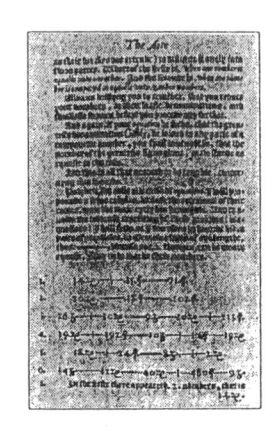

後部に記されている 1.～6.の方程式に $+,-,=$ の記号が横長に大変大きく示されています。最初の2式を現代式で示すと，

1. $14x+15x^0=16x^0$
2. $20x-18x^0=102x^0$

となっています。

以上より，$+,-,\times,\div,=$ 等の記号が数学史上で初めて採用されたのは15世紀から17世紀の間で，現在用いるような形が整ったのは今から約300年位前のことです。それ以前は人や国によって，あるいは商業や経済などの発展とも関連をもちながら時代によってさまざまな形や表現が用いられていました。

例えば，オランダのシモン・ステヴィン（Simon Stevin.1548-1620）は乗法・除法に M, D を用いています。

彼は指数を○の中に数字を書いて示し，未知数は一番目は何もかかず，二番目は see,三番目は ter を用いました。例えば，

$$5x^2yz^3 \text{ は } 5②Msee①Mter③$$

と表し，ここで M は乗法を表しています。また，$\dfrac{5x^2}{y}\cdot z^3$ であれば

$$5②Dsee①Mter③$$

と表しています。D は除法を表しています。

ステヴィンは数や変数や演算記号を式に出る順に並べて表現しています。

また，次のような珍しい記号も用いられました。

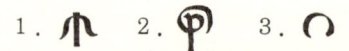

1. ⋔   2. ⊕   3. ⌒

1. ディオファントス（ギリシャ.246?-330?）の減法記号.
2. タルタリア（イタリア.1499?－1557）の加法記号. イタリア語の piü （プラス）の頭文字を変形し使用.
3. ライプニッツ（ドイツ.1646-1716）の乗法記号. また，除法には上下逆にして使用しました. 後には乗法記号は・を使用.

シモン・ステヴィン

2. 演算に関する問題

演算とは，普通には計算することを云いその基本的なものが加・減・乗・除であり，これを総称して四則演算と呼んでいます。これらの演算を合わせて（＝

結合して）新たな演算を定義することも可能です．
その例をみてみよう．

問題 1.

任意の実数 x, y に対して演算 $*$ を次のように定義する．
$$x * y = x + y - xy - 1$$
次の等式または不等式について，下の①,②,③のどれがあてはまるか．
(1) $a * a > 0$ (2) $a * 1 = 0$ (3) $a * 0 = 0$ (4) 任意の実数 b, c に対して
$$a * (b + c) = (a * b) + (a * c)$$
① すべての実数 a に対して成立する．
② ある実数 a に対して成立するが，すべての実数 a に対して成立するとはいえない．
③ どんな実数 a に対しても成立しない．

専修大．（法）．

演算の定義にしたがって調べるだけです．この演算 $*$ は対称式で定義されていますから交換法則や結合法則が成立することはすぐ分かります．(4)は分配法則が成立しているかを調べるものです．

解答：
(1) $a * a = a + a - a^2 - 1 = -(a^2 - 2a + 1)$
$\qquad\qquad = -(a-1)^2 \leqq 0$ ∴ ③ [答]
(2) $a * 1 = a + 1 - a - 1 = 0$ ∴ ① [答]
(3) $a * 0 = a + 0 - 0 - 1 = a - 1$
よって，$a = 1$ のとき成立，$a \neq 1$ のとき成立しない． ∴ ② [答]
(4) 左辺 $= a + (b+c) - a(b+c) - 1 = (a-1)\{1 - (b+c)\}$
右辺 $= (a + b - ab - 1) + (a + c - ac - 1) = 2(a-1) - (a-1)(b+c)$
$\qquad\qquad\qquad\qquad\qquad\qquad = (a-1)\{2 - (b+c)\}$
∴ 左辺 $-$ 右辺 $= -(a-1)$

よって，$a = 1$ のときに成立，$a \neq 1$ のとき成立しない． ∴ ② [答]
(4)から演算 $*$ については分配法則が成立しないことが分かります．

問題2.

2つの実数の組 (x, y), (x', y') に対して,
$$(x, y) + (x', y') = (x + x', y + y')$$
$$(x, y)(x', y') = (xx' - yy', xy' + yx')$$
により加法と乗法の演算を定義する. ただし, $(x, y) = (x', y')$ とは $x = x'$, $y = y'$ を意味するものと定める. このとき, 方程式
$$(x, y)(x, y) + (-1, 1)(x, y) + (0, -1) = (0, 0)$$
の解 (x, y) をすべて求めよ.

防衛大.

問題では順序の決まった実数の組（ベクトル）について, 加法と乗法が定義されています. ここで, 注意を要することは一般のベクトルの場合は乗法（内積）はベクトルにならないから, ここで扱われているベクトルはある特殊なベクトルであることが分かります. 乗法をこのように対応させる数を思い浮かべてみて下さい. 勿論, 定義にしたがって立式して計算すればその数を知らなくても形式的に解くことは可能です.

解答: 定義から
$$(x, y)(x, y) = (x^2 - y^2, 2xy)$$
$$(-1, 1)(x, y) = (-x - y, x - y)$$
よって, 与式は
$$(x^2 - y^2, 2xy) + (-x - y, x - y) + (0, -1) = (0, 0)$$
$$\therefore (x^2 - y^2 - x - y, 2xy + x - y - 1) = (0, 0)$$
$$x^2 - y^2 - x - y = 0 \quad \cdots\cdots ①$$
$$2xy + x - y - 1 = 0 \quad \cdots\cdots ②$$

①, ②を解くと
$$(x, y) = (1, 0), (0, -1) \quad\quad \text{[答]}$$

このベクトルは x, y を実数, $i = \sqrt{-1}$ とするとき, 複素数 $x + yi$ をベクトル (x, y) に対応させ複素方程式をベクトル計算で解く問題です. すなわち,
$$z_1 = x + yi, \ z_2 = x' + y'i$$

とすれば，その対応は

複素数		数ベクトル
z_1	$\Longleftrightarrow$	(x, y)
z_2	$\Longleftrightarrow$	(x', y')
加法 $z_1 + z_2$	$\Longleftrightarrow$	$(x+x', y+y')$
乗法 $z_1 z_2$	$\Longleftrightarrow$	$(xx' - yy', xy' + x'y)$

のようになります．

19世紀初頭から，演算の意味は大きく変わりました．以前のように《数》だけではなく他の要素も対象とするようになり，それにともなって演算は従来のような算術の四則演算とは異なるものも含まれるように拡張されました．

現在では，"ある集合 A の2つの要素から集合 A の1つの要素を作り出す操作を集合 A における演算（または二項演算）という" とするのが演算の普通の定義です．これは直積集合 $A \times A$ から A への写像（関数）とも云えます．

次の問題は実数の部分集合について，演算を定義をしたものです．演習してみて下さい．

問題3．

絶対値が1より小さい実数の集合を S とし，S の中に新しい演算 $*$ を次のように定義する．
$$a * b = \frac{a+b}{1+ab}$$

(1) a と b が S に属するならば，$a*b$ も S に属することを証明せよ．

(2) 結合法則 $(a*b)*c = a*(b*c)$ が成り立つことを証明せよ．

東京都立大．（2次）．

(ヒント) (1) $|a|<1, |b|<1$ のとき，
$$|1+ab|^2 - |a+b|^2 = (a^2-1)(b^2-1) > 0$$
$$\therefore \quad |a+b|^2 < |1+ab|^2$$
$$\therefore \quad a*b = \left|\frac{a+b}{1+ab}\right| < 1$$

(2) 両辺をそれぞれ計算して値の一致を示す．

14. 2種の演算記法

◀解 答▶

(1) (a) $x - b \div y$ は $AxSDby$ 　　$a(x - b \div y)$ は $MaAxSDby$
よって，$a(x - b \div y) + c$ は 　　∴ $\boldsymbol{AMaAxSDbyc}$　　[答]

(b) 接頭辞記法の演算記号 A, M, D の後には2個，S の後には1個の数（または数として扱う式）が必要である．

$\quad D(AM2aS5)x$ 　　から，　　$(AM2aS5) \div x$
$\quad \{A(M2a)(S5)\} \div x$ 　　から，　　$\{(M2a) + (S5)\} \div x$
$\quad \{2a + (-5)\} \div x$ 　　から，　　∴ $(\boldsymbol{2a - 5}) \div \boldsymbol{x}$　　[答]

(c) 結合法則より
$$x + y + z = (x + y) + z$$
$$= x + (y + z)$$

ア．$(x + y) + z$ のとき，　　$(Axy) + z$ だから，
$\quad\quad\quad$ ∴ $\boldsymbol{AAxyz}$　　[答]

イ．$x + (y + z)$ のとき，　　$Ax(y + z)$ だから，
$\quad\quad\quad$ ∴ $\boldsymbol{AxAyz}$　　[答]

(2) ランクの定義から，

(a) $\quad R_1 = (-1) + (-1) + 1 + 1 + 0 + 1 = 1$
$\quad R_2 = (-1) + 1 + 1 + 0 + 1 = 2$
$\quad R_3 = 1 + 1 + 0 + 1 = 3$
$\quad R_4 = 1 + 0 + 1 = 2$
$\quad R_5 = 0 + 1 = 1$
$\quad R_6 = 1$

よって，$R_1 = 1$，$R_i \geq 1$ $(2 < i \leq 6)$　　∴ 式 F は正しい　　[答]

(b) R_i を順次求めていくと，
$\quad R_1 = (-9) + 0 + 10 = 1$
$\quad R_2 = (-8) + 0 + 10 = 2$
$\quad R_3 = (-7) + 0 + 10 = 3$
$\quad R_4 = (-6) + 0 + 10 = 4$
$\quad R_5 = (-6) + 0 + 9 = 3$
$\quad R_6 = (-6) + 0 + 8 = 2$
$\quad R_7 = (-6) + 0 + 7 = 1$

$$R_8 = (-6) + 0 + 6 = 0$$
$$\vdots$$
$R_1 = 1$ であるが $R_8 = 0$ となる.

∴ 式 F は正しくない. 　　　[答]

15. 人口移動の問題

■ **試問 28** ■ 毎年Ａ市の人口の10％がＢ町に移り，Ｂ町の人口の20％がＡ市に移るものとし，Ａ市とＢ町の人口の和は N で不変とする．
(1) Ａ市の人口にもＢ町の人口にも増減がないときのＡ市の人口 X とＢ町の人口 Y を求めよ．
(2) 現在のＡ市の人口は $x_0 = X - a$，Ｂ町の人口は $y_0 = Y + a$ である．n 年後のＡ市の人口 x_n とＢ町の人口 y_n を求めよ．
(3) 将来Ａ市，Ｂ町の人口はどのような値に近づくか．

名古屋工大．

国や地方の行政において人口問題は種々の施策に密接に関係すると同時に，またそれぞれの地域社会の問題と多大の関連をもっています．

特に，人口の変動がある範囲内を越える場合には行政上で支障が生じその対応に苦慮することになります．都市への集中化と地方の過疎化などもその例です．都市近郊ではスプロール現象（周辺部が無秩序に都市化する）やドーナツ現象（都市の中心部が空洞化）が生じ，都市化した地域では環境整備（住宅，ライフライン，交通機関，ゴミ処理等）の問題，また，過疎化の地域では財源確保や活性化問題等が生じています．様々な問題に対処するため人口の変動現象を分析し，更に，**将来どうなっていくのかと云う予測**をもつことは社会全体に取って極めて重要な課題となります．

今回の問題はＡ市とＢ町で，次の仮定に基づくとき将来人口がどうなるかを予測しようと云うものです．

仮定
1．Ａ，Ｂ，の総人口は一定で N とする．
　　一般に，人口の増減は
　　　　自然的変動＝（出生数）－（死亡数）
　　　　社会的変動＝（転入数）－（転出数）
の２つの変動により生じますが，ここでは自然的変動は考えない，また社会的変動についてはＡ市とＢ町間だけを考え，その他の地域へのものは考えないとします．

2．A，B相互の移動の割合はそれぞれ一定（10％，20％）とする．
　この仮定から，将来A市とB町の人口がどうなるか次の中から予想してみて下さい．
ア．流出の割合がA市よりB町が10％高いから，B町は人口が限りなく減り続ける．
　（B町の人口はA市に吸収されていく）
イ．A市とB町で均衡がとれる人口に近付いて行く．
　（A市とB町の人口の移動は0状態になる）
ウ．A市，B町双方とも増減を限りなく繰り返す．

（ヒント）
(1) A市とB町の人口の移動の割合は次の表で示されます．

	A市から	B町から
A市へ	0.9	0.2
B町へ	0.1	0.8

　表でAからAへ，BからBへは移動しない人口の割合を示すと考えます．
　A市とB町の移動の前後の人口をそれぞれ X, Y および x, y とすると，関係式は，
$$\begin{bmatrix} x \\ y \end{bmatrix} = \begin{bmatrix} 0.9 & 0.2 \\ 0.1 & 0.8 \end{bmatrix} \begin{bmatrix} X \\ Y \end{bmatrix}$$
となり，両地域で人口の増減がなければ，$x=X$，$y=Y$ で，さらに，両地域の人口の和が N より，$X+Y=x+y=N$ となります．
(2) (1)から，現在の両地域の人口は，
$$x_0 = X - a, \quad y_0 = Y + a$$
より定まります．そして $(n-1)$ 年後と n 年後の関係から漸化式，
$$\begin{bmatrix} x_n \\ y_n \end{bmatrix} = \begin{bmatrix} 0.9 & 0.2 \\ 0.1 & 0.8 \end{bmatrix} \begin{bmatrix} x_{n-1} \\ y_{n-1} \end{bmatrix}$$
　（ただし，$x_n + y_n = N$）
が得られ，これを解けばよい訳です．
(3) 将来どうなるか？
　どのような値に近づくかとありますから n を限りなく大きく（$n \to \infty$）して推測せよと云うことです．グラフを考えると点 (x_n, y_n) は
$$y_n = -x_n + N \quad (0 < x_n < N)$$
より，直線
$$y = -x + N \quad (0 < x < N)$$

の線分上を動きます.

$$n \to \infty \text{ のとき, } (x_n, y_n) \to (\alpha, \beta)$$

となる定数 α, β があれば前記の予想で示した. イ. であることになります. つまり, A市とB町の人口移動は均衡状態（A, B間相互の移動数が等しくなる）に向かうことになります.

そして, このときの α, β の値と問題の（1）の解答が一致するはずです.

ここで, 人口 α, β の比と移動の割合の比を比較してみて下さい.

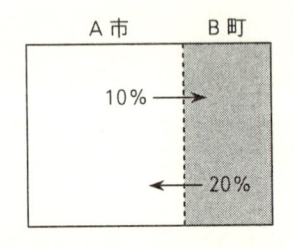

移動が等しくなる人口に近づく　　　$n \to \infty$ のとき $(x_n, y_n) \to (\alpha, \beta)$

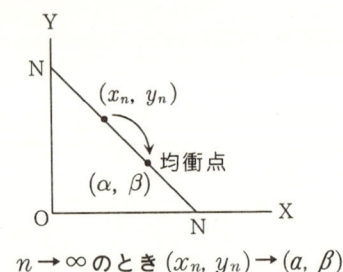

予想と結果はどうでしたか.

余談

1. （2）において, 行列で考える場合.

$$\begin{bmatrix} x_n \\ y_n \end{bmatrix} = \begin{bmatrix} 0.9 & 0.2 \\ 0.1 & 0.8 \end{bmatrix} \begin{bmatrix} x_{n-1} \\ y_{n-1} \end{bmatrix} = \begin{bmatrix} 0.9 & 0.2 \\ 0.1 & 0.8 \end{bmatrix}^2 \begin{bmatrix} x_{n-2} \\ y_{n-2} \end{bmatrix} = \cdots\cdots = \begin{bmatrix} 0.9 & 0.2 \\ 0.1 & 0.8 \end{bmatrix}^n \begin{bmatrix} x_0 \\ y_0 \end{bmatrix}$$

ですから, n 年後の人口の移動状態を示している行列を求めてもよい訳です. すなわち,

$$\begin{bmatrix} 0.9 & 0.2 \\ 0.1 & 0.8 \end{bmatrix}^n = \left(\frac{1}{10}\right)^n \begin{bmatrix} 9 & 2 \\ 1 & 8 \end{bmatrix}^n$$

の計算による方法です.

固有方程式より

$$x^2 - 1.7x + 0.7 = 0$$
$$(x - 0.7)(x - 1) = 0$$

よって, 固有値は $\alpha = 0.7, \beta = 1$

ここで, 人口移動の行列を A とし,

とおくと，
$$A = a \cdot \frac{A-\beta E}{a-\beta} + \beta \cdot \frac{A-aE}{\beta-a} = aP + \beta Q$$

$$P = -\frac{1}{3}\left\{\begin{bmatrix} 9 & 2 \\ 1 & 8 \end{bmatrix} - \begin{bmatrix} 10 & 0 \\ 0 & 10 \end{bmatrix}\right\} = -\frac{1}{3}\begin{bmatrix} -1 & 2 \\ 1 & -2 \end{bmatrix}$$

$$Q = \frac{1}{3}\left\{\begin{bmatrix} 9 & 2 \\ 1 & 8 \end{bmatrix} - \begin{bmatrix} 7 & 0 \\ 0 & 7 \end{bmatrix}\right\} = \frac{1}{3}\begin{bmatrix} 2 & 2 \\ 1 & 1 \end{bmatrix}$$

で，$PQ = QP = O$，$P^2 = P$，$Q^2 = Q$ を満たすから，
$$A^n = a^n P + \beta^n Q$$
$$= \left(\frac{7}{10}\right)^n \left(-\frac{1}{3}\right)\begin{bmatrix} -1 & 2 \\ 1 & -2 \end{bmatrix} + \frac{1}{3}\begin{bmatrix} 2 & 2 \\ 1 & 1 \end{bmatrix}$$

よって，(3) は

$n \to \infty$ のとき，$A^n \to \dfrac{1}{3}\begin{bmatrix} 2 & 2 \\ 1 & 1 \end{bmatrix}$ となるから，これより，

$n \to \infty$ のとき
$$\begin{bmatrix} x_n \\ y_n \end{bmatrix} \to \frac{1}{3}\begin{bmatrix} 2 & 2 \\ 1 & 1 \end{bmatrix}\begin{bmatrix} x_0 \\ y_0 \end{bmatrix}$$

となり解が得られます．

さて，この問題ではA市とB町の人口の和が一定不変として，移動行列の変化を考えましたが，次の問題は移動行列を一定で不変としたとき，都市と農村の2つの地域の人口比率がどうなるかを考えるものです．

問題1．

ある国では，毎年，農村人口の 30％が都市へ，都市人口の 10％が農村へ移動している．これらの割合は次の表に示されているが，それを行列の形でAとして表し，これを人口の移動行列とよぶことにする．（出生，死亡や海外流出などは無視するものとする）

	都市から	農村から
都市へ	0.90	0.30
農村へ	0.10	0.70

15. 人口移動の問題

$$A = \begin{bmatrix} 0.90 & 0.30 \\ 0.10 & 0.70 \end{bmatrix}$$

移動行列に従って毎年人口が移動し続けるとき，次の各問いに答えよ．

(1) ある年の初めに，その国の都市と農村の人口が，それぞれ国の全人口の a %，b %であるとき，ベクトル $\begin{bmatrix} a/100 \\ b/100 \end{bmatrix}$ をこの年の人口比率ベクトルとよぶことにする．ここで，$a+b=100$ である．

1年目の比率ベクトル $T_1 = \begin{bmatrix} 0.70 \\ 0.30 \end{bmatrix}$ であるとき，

(ア) 2年目の比率ベクトル T_2，3年目の比率ベクトル T_3 を A と T_1 とを用いて表せ．

(イ) T_2, T_3 を計算せよ．

(2) n 年目の比率ベクトル T_n とするとき，T_{n+1} と T_n との関係を求めよ．

(3) 長い年月が経過すると，比率ベクトルは一定の比率ベクトル T に近づき，この T は $T = AT$ を満足することがわかっている．この比率ベクトル T を計算せよ．

立教大．(法)．

---

(3)では $n \to \infty$ のとき，$T_n \to T$ (一定) となり，$T = AT$ を満たすから都市人口と農村人口の比率が不変となることを示しています．

解答:

(1) $T_2 = AT_1$，
$T_3 = A T_2 = A(A T_1) = A^2 T_1$ 　　　[答]

(2) $T_2 = \begin{bmatrix} 0.90 & 0.30 \\ 0.10 & 0.70 \end{bmatrix} \begin{bmatrix} 0.70 \\ 0.30 \end{bmatrix} = \begin{bmatrix} 0.72 \\ 0.28 \end{bmatrix}$

$T_3 = \begin{bmatrix} 0.90 & 0.30 \\ 0.10 & 0.70 \end{bmatrix} \begin{bmatrix} 0.72 \\ 0.28 \end{bmatrix} = \begin{bmatrix} 0.732 \\ 0.268 \end{bmatrix}$ 　　　[答]

(3) $T = \begin{bmatrix} x \\ y \end{bmatrix}$ とおくと，

$$\begin{bmatrix} x \\ y \end{bmatrix} = \begin{bmatrix} 0.90 & 0.30 \\ 0.10 & 0.70 \end{bmatrix} \begin{bmatrix} x \\ y \end{bmatrix} = \begin{bmatrix} 0.90x + 0.30y \\ 0.10x + 0.70y \end{bmatrix}$$

これから，$x = 3y$
ここで，$x + y = 1$ だから
$\quad x = 0.75, \quad y = 0.25$
$\quad \therefore \quad T = \begin{bmatrix} 0.75 \\ 0.25 \end{bmatrix} \qquad$ [答]

2．上の問題ではA市とB町の2つの地域間の人口移動の問題でしたが，3つの地域の場合はどうなるでしょう．次の問題で調べてみましょう．

問題2．

3つの市A，B，Cの間で毎年人口の移動がある．A市の人口の 20% がB市へ，10% がC市へ移り，B市の人口の 20% がA市へ，C市の人口の 20% がB市へ移る．A，B，C市の人口の総和を a とするとき，次の問いに答えよ．ただし，人口は連続的な量とみなし，出生，死亡は無視する．

(1) n 年後のA，B，C市の人口をそれぞれ $x_n, y_n, z_n (n = 0, 1, 2, \cdots)$ とするとき $x_{n+1}, y_{n+1}, z_{n+1}$ を x_n, y_n, z_n の式で表せ．
(2) (1)の y_n を a, n および y_0 の式で表せ．
(3) 非常に長い年数が経過したとき，A，B，C市の人口はどうなるか．

横浜国大．（工）．

3つの地域でも仮定が前問と同じですから，解法も同様になります．
解答：
(1) 　人口移動の割合を示す行列は

	A市から	B市から	C市から
A市へ	0.7	0.2	0.0
B市へ	0.2	0.8	0.2
C市へ	0.1	0.0	0.8

だから，

15. 人口移動の問題

$$\begin{bmatrix} x_{n+1} \\ y_{n+1} \\ z_{n+1} \end{bmatrix} = \begin{bmatrix} 0.7 & 0.2 & 0.0 \\ 0.2 & 0.8 & 0.2 \\ 0.1 & 0.0 & 0.8 \end{bmatrix} \begin{bmatrix} x_n \\ y_n \\ z_n \end{bmatrix}$$

よって

$$\begin{cases} x_{n+1} = \dfrac{7}{10}x_n + \dfrac{1}{5}y_n \\[4pt] y_{n+1} = \dfrac{1}{5}x_n + \dfrac{4}{5}y_n + \dfrac{1}{5}z_n \\[4pt] z_{n+1} = \dfrac{1}{10}x_n + \dfrac{4}{5}z_n \end{cases}$$ [答]

(2) 条件より，3つの市の総人口は a だから

$$z_n = a - (x_n + y_n)$$

(1) から，

$$y_{n+1} = \frac{1}{5}x_n + \frac{4}{5}y_n + \frac{1}{5}\{a - (x_n + y_n)\}$$

$$\therefore \quad y_{n+1} = \frac{3}{5}y_n + \frac{1}{5}a$$

$$y_{n+1} - \frac{1}{2}a = \frac{3}{5}\left(y_n - \frac{1}{2}a\right)$$

よって，数列 $\left\{y_n - \dfrac{1}{2}a\right\}$ は初項が $y_0 - \dfrac{1}{2}a$ で公比が $\dfrac{3}{5}$ の等比数列である．

$$\therefore \quad y_n - \frac{1}{2}a = \left(\frac{3}{5}\right)^n \left(y_0 - \frac{1}{2}a\right)$$

$$y_n = \left(\frac{3}{5}\right)^n \left(y_0 - \frac{1}{2}a\right) + \frac{1}{2}a$$ [答]

(3) (2)から，$\displaystyle\lim_{n\to\infty} y_n = \frac{1}{2}a$

次に，

$$x_{n+1} = \frac{7}{10}x_n + \frac{1}{5}y_n \text{ から，}$$

$$\lim_{n\to\infty} x_{n+1} = \frac{7}{10}\lim_{n\to\infty} x_n + \frac{1}{5}\lim_{n\to\infty} y_n$$

ここで，$\displaystyle\lim_{n\to\infty} x_{n+1} = \lim_{n\to\infty} x_n$ だから，

$$\frac{3}{10}\lim_{n\to\infty} x_n = \frac{1}{10}a \qquad \therefore \quad \lim_{n\to\infty} x_n = \frac{a}{3}$$

さらに，

$$\lim_{n\to\infty} z_n = a - \left(\lim_{n\to\infty} x_n + \lim_{n\to\infty} y_n\right) = a - \left(\frac{a}{3} + \frac{a}{2}\right) = \frac{a}{6}$$

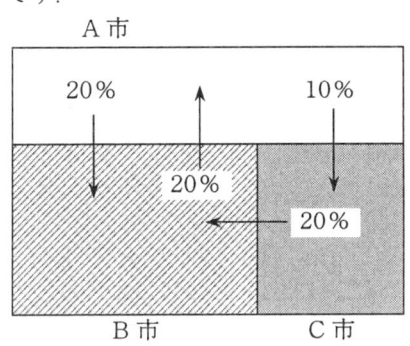

以上から，非常に長い年数が経過したときA，B，Cの3つの市の人口は$\frac{a}{3}$，$\frac{a}{2}$，$\frac{a}{6}$に近づきます．この状態は人口移動があってもそれぞれの市の人口は不動（均衡状態）です．

A市

```
       20%↓    ↑    10%↓
           ////20%////
           ////     ////
           ////←20%////
           ////////////
       B市              C市
```

3．人口問題で年齢構成も重要な課題となります．我が国では少子高齢化が進み大きな社会問題となっています．長寿化により平均余命が延び高齢化社会（65歳以上が7％以上）となり，年金の財源不足や社会保障負担の増加等が生じて来たからです．

次の問題はある年の年齢構成を基準にして100年後を考える予想問題です．

問題3．

(1) $\begin{bmatrix} a & 0 \\ c & b \end{bmatrix}^3$ を計算せよ．

(2) M市のある年の60歳未満の人口をx万人，60歳以上の人口をy万人としたとき，それから20年後の60歳未満の人口x'万人，60歳以上の人口y'万人との間には $\begin{cases} x' = \dfrac{6}{5}x \\ y' = \dfrac{1}{3}x + \dfrac{1}{5}y \end{cases}$ の関係があるとする．M市の今年の60歳未満，60歳以上の人口をそれぞれ15万人，5万人としたとき，100年後のM市の60歳未満，60歳以上の人口をそれぞれ求めよ．

信州大．（経）．

---

(2)が主題で，(1)は(2)を行列を用いて解くための補助問題です．(2)で与えられた式を人口推移行列で示すと，

15. 人口移動の問題

	60歳未満から	60歳以上から
60歳未満へ	$\frac{6}{5}$	0
60歳以上へ	$\frac{1}{3}$	$\frac{1}{5}$

となります．60歳未満から60歳未満への推移は自然的および社会的変動と60歳以上となった人口の減などを加味したもの，60歳以上から60歳以上への推移は60歳以上の生存者や社会的変動と新しく60歳以上となった人口などを加味したもので，数値は割合となっています．

解答：

(1) 行列の乗法計算より，

$$\begin{bmatrix} a & 0 \\ c & b \end{bmatrix}^2 = \begin{bmatrix} a^2 & 0 \\ (a+b)c & b^2 \end{bmatrix} = \begin{bmatrix} a^2 & 0 \\ \frac{(a^2-b^2)c}{a-b} & b^2 \end{bmatrix}$$

$$\begin{bmatrix} a & 0 \\ c & b \end{bmatrix}^3 = \begin{bmatrix} a & 0 \\ c & b \end{bmatrix}^2 \begin{bmatrix} a & 0 \\ c & b \end{bmatrix} = \begin{bmatrix} a^3 & 0 \\ (a^2+ab+b^2)c & b^3 \end{bmatrix}$$

$$= \begin{bmatrix} a^3 & 0 \\ \frac{(a^3-b^3)c}{a-b} & b^3 \end{bmatrix} \qquad \text{［答］}$$

これから，次の計算結果が得られます．

$$\begin{bmatrix} a & 0 \\ c & b \end{bmatrix}^5 = \begin{bmatrix} a & 0 \\ c & b \end{bmatrix}^2 \begin{bmatrix} a & 0 \\ c & b \end{bmatrix}^3 = \begin{bmatrix} a^5 & 0 \\ \frac{(a^5-b^5)c}{a-b} & b^5 \end{bmatrix}$$

(2) 与式を行列で表すと

$$\begin{bmatrix} x' \\ y' \end{bmatrix} = \begin{bmatrix} \frac{6}{5} & 0 \\ \frac{1}{3} & \frac{1}{5} \end{bmatrix} \begin{bmatrix} x \\ y \end{bmatrix}$$

となり，最初の年の60歳未満と60歳以上の人口（初期値）がそれぞれ $x=15$，$y=5$ かつ，20年単位の推移ですから100年間には5回の推移を考えることになります．

よって，

$$\begin{bmatrix} x' \\ y' \end{bmatrix} = \begin{bmatrix} \frac{6}{5} & 0 \\ \frac{1}{3} & \frac{1}{5} \end{bmatrix}^5 \begin{bmatrix} 15 \\ 5 \end{bmatrix} = \begin{bmatrix} \left(\frac{6}{5}\right)^5 & 0 \\ \left\{\left(\frac{6}{5}\right)^5 - \left(\frac{1}{5}\right)^5\right\}\frac{1}{3} & \left(\frac{1}{5}\right)^5 \end{bmatrix} \begin{bmatrix} 15 \\ 5 \end{bmatrix}$$

(∵ (1)の最後の結果より)

したがって,

60歳未満の人口は,

$$x' = \left(\frac{6}{5}\right)^5 \cdot 15 = 37.3248 \text{ 万人}$$

また, 60歳以上の人口は,

$$y' = \left\{\left(\frac{6}{5}\right)^5 - \left(\frac{1}{5}\right)^5\right\}\frac{1}{3} \cdot 15 + \left(\frac{1}{5}\right)^5 \cdot 5$$

$$= 12.4416 \text{ 万人} \qquad \text{[答]}$$

となります.∴結果から100年間で人口総数は20万から約50万へ2.5倍となり,60歳未満と60歳以上の人口比は3:1で余り変動しないことになります.

◀ 解 答 ▶

(1) 題意から,

A市とB町の人口の和より

$$X + Y = N \quad (一定) \quad \cdots\cdots ①$$

A市, B町共に増減がないのは移動人口が等しいときだから,

$$\frac{1}{10}X = \frac{2}{10}Y \qquad \cdots\cdots ②$$

①, ②から $\qquad X = \frac{2}{3}N, \quad Y = \frac{1}{3}N \qquad$ [答]

(2) 〈漸化式を作る方法〉

$$\begin{cases} x_n + y_n = N & \cdots\cdots ③ \\ x_n = \frac{9}{10}x_{n-1} + \frac{1}{5}y_{n-1} & \cdots\cdots ④ \end{cases}$$

③, ④から

$$x_n = \frac{9}{10}x_{n-1} + \frac{1}{5}(N - x_{n-1})$$

$$= \frac{7}{10}x_{n-1} + \frac{1}{5}N$$

これを変形して，n を下げていくと

$$\therefore\ x_n - \frac{2}{3}N = \frac{7}{10}\left(x_{n-1} - \frac{2}{3}N\right)$$
$$= \left(\frac{7}{10}\right)^2\left(x_{n-2} - \frac{2}{3}N\right)$$
$$\vdots$$
$$= \left(\frac{7}{10}\right)^n\left(x_0 - \frac{2}{3}N\right)$$

ここで，(1) から $x_0 = X - a = \frac{2}{3}N - a$

$$\therefore\ x_n = \frac{2}{3}N - \left(\frac{7}{10}\right)^n a \qquad [答]$$

③から

$$y_n = \frac{1}{3}N + \left(\frac{7}{10}\right)^n a \qquad [答]$$

〈行列の利用〉

余談の1．で求めた A^n を用いて

$$\begin{bmatrix} x_n \\ y_n \end{bmatrix} = \left\{\left(\frac{7}{10}\right)^n\left(-\frac{1}{3}\right)\begin{bmatrix} -1 & 2 \\ 1 & -2 \end{bmatrix}\right\}\begin{bmatrix} x_0 \\ y_0 \end{bmatrix} + \frac{1}{3}\begin{bmatrix} 2 & 2 \\ 1 & 1 \end{bmatrix}\begin{bmatrix} x_0 \\ y_0 \end{bmatrix}$$
$$= \frac{1}{3}\left(\frac{7}{10}\right)^n \begin{bmatrix} x_0 - 2y_0 \\ -x_0 + 2y_0 \end{bmatrix} + \frac{1}{3}\begin{bmatrix} 2(x_0 + y_0) \\ x_0 + y_0 \end{bmatrix}$$
$$= \frac{1}{3}\left(\frac{7}{10}\right)^n \begin{bmatrix} X - 2Y - 3a \\ -X + 2Y + 3a \end{bmatrix} + \frac{1}{3}\begin{bmatrix} 2N \\ N \end{bmatrix}$$
$$= \frac{1}{3}\left(\frac{7}{10}\right)^n \begin{bmatrix} -3a \\ 3a \end{bmatrix} + \frac{1}{3}\begin{bmatrix} 2N \\ N \end{bmatrix}$$

(3) $\displaystyle\lim_{n\to\infty} x_n = \frac{2}{3}N,\quad \lim_{n\to\infty} y_n = \frac{1}{3}N$

よって，A市，B町の人口は $\frac{2}{3}N$, $\frac{1}{3}N$ に近付いて行く．（均衡点）

[答]

16. 生命関数を考えてみよう

■ 試問 29 ■ 出生者 ℓ_0 人のうちで，x 才まで生き残る者を ℓ_x 人，x 才に達する確率を p_x，x 才から $(x+1)$ 才の間に死亡する確率を d_x とする．また，y 才の人が1年以内に死亡する確率を q_y とする．次の各式は何を表すか説明し，ℓ_n，p_n，d_n，q_n 等の文字で表せ．

(1) $\ell_0 p_x$ (2) $p_{x+1} + d_x$ (3) $p_x q_x$
(4) $p_x(1-q_x)$ (5) $\ell_0 d_x$

静岡薬大.

人が何才で死亡するかは偶然現象とするとき，何も資料がなければ x 才の人が今後何年間生存できるかは見当もつかないと思います．しかし，同質の人口集団についての過去のデータがあればその結果を分析し x 才の人が平均何年生存したかを求めてその値を利用して考えることは1つの有効な手法と云えます．そのため，人の生存や死亡の状態がどのようであるかの**人口動態調査**や将来の予測を必要とする国や民間の生命保険会社では一定の統計調査を行い**生命表**（＝死亡表）を作成しています．

生命表は"ある人口集団について，出生数（0才）ℓ_0 人が年令が進むにつれて減少していく様子を年令別に死亡数で示し，これを基礎に各年令における生存率，死亡率，平均余命等を算出し表示したもの"です．

いま，x 才の生存数を ℓ_x 人とすると出生数 ℓ_0 に対する**相対度数** ℓ_x/ℓ_0 を取りこれを0才の人が x 才までの生存すると云う事象の確率，即ち**統計的確率**とします．

統計的確率は n 回の試行の結果 r 回事象Eが起こるとき相対度数 r/n が**n が十分大きい**ときにその値が一定の値に近付くならばその値を事象Eの確率とするものです．このとき試行の方法には2通りの方法があります．

例えば，サイコロを投げる試行では1個を**時間差**をつけ n 回繰り返し投げる方法と，n 個を**同時**に投げて1回で済ます方法とです．この2つの試行結果は一致する（**エルゴート性**）と考えます．生命表の場合は通常 ℓ_0 は10万人を対象としこの数値は十分大きいので後者の方法によった確率と解釈します．

16. 生命関数を考えてみよう

さて，生命表から分かる生存数，死亡数，生存率（確率），死亡率（確率），平均余命は全て年令 x 才に対応する値でこれらを総称して**生命関数**と呼びます．そこで用いられる記号は次の意味を表わしています．

ℓ_x : x 才にちょうど達した人数．（生存数）
$_n d_x$: x 才の生存数 ℓ_x のうち $(x+n)$ 才に達しないで（n 年以内）の死亡数．
　　　　　$n=1$ のとき，d_x と略記．
ℓ_{x+n} : x 才の生存数 ℓ_x のうち n 年後，$(x+n)$ 才に達する数．
$_n p_x$: x 才の者が $(x+n)$ 才に達する確率．$n=1$ のとき，p_x と略記．
$_n q_x$: x 才の者が $(x+n)$ 才に達するまでの死亡確率．$n=1$ のとき，q_x と略記．
$\dot{e}_x$: x 才に達した者のその後の平均生存年数で，x 才の平均余命と云い，特に，
　　　　　0 才の平均余命 $\dot{e}_0$ は**平均寿命**と云います．

平均余命（$\dot{e}_x$）は通常，各才における死亡が年間一様に発生したと仮定して，x 才の場合は中央の値 $(x+0.5)$ 才で死亡したものとして近似計算します．したがって，x 才の人の平均生存年数（＝平均余命）は死亡年齢の最高を w 才とするとその死亡者数 d_w 人は平均 $(w-x+0.5)$ 年の生存となり，

$$\dot{e}_x = 0.5 d_x + 1.5 d_{x+1} + 2.5 d_{x+2} + \cdots + (w-x+0.5) d_w / \ell_x$$
$$= 0.5 p_x + 1.5 \,_2 p_x + 2.5 \,_3 p_x + \cdots + (w-x+0.5) \,_{w-x} p_x \quad (才)$$

ただし $\ell_x = d_x + d_{x+1} + d_{x+2} \cdots + d_w$ として計算します．すなわち，x 才のときのあと何年間生存できるかの**期待値**です．

（ヒント） 先ず，各式を ℓ_x, p_x, d_x, q_x などと ℓ_0 （出生者数）の関係式を求めて出生者を基準として説明文に直します．ただし，上で説明した生命表の p_x は x 才の生存者が $(x+1)$ 才に達する確率に用いていますがこの問題では"出生者 ℓ_0 人のうち，x 才まで生存する確率"を表していることに注意して下さい．解法のポイントは

(2) $\quad p_{x+1} + d_x = \dfrac{\ell_{x+1}}{\ell_0} + \dfrac{\ell_x - \ell_{x+1}}{\ell_0} = \dfrac{\ell_x}{\ell_0}$

(3) $\quad p_x q_x = \dfrac{\ell_x}{\ell_0} \cdot \dfrac{\ell_x - \ell_{x+1}}{\ell_x} = \dfrac{\ell_x - \ell_{x+1}}{\ell_0} = d_x$

(4) $\quad p_x(1 - q_x) = \dfrac{\ell_x}{\ell_0}\left(1 - \dfrac{\ell_x - \ell_{x+1}}{\ell_x}\right) = \dfrac{\ell_{x+1}}{\ell_0}$

となることです．

> 余談

1. 生命表 我が国では明治 24～31 年の死亡状況に基づいて第 1 回生命表が作成されて以来 1995 年には第 18 回生命表が公表されています．（ただし第 7 回は戦争のため欠番です.）第 9 回生命表以前は統計年数の巾は一定していませんが第 10 回以降は人口動態統計や国勢調査の結果に基づき 5 年間隔で作成され「完全生命表」と呼ばれています．またこれとは別に毎年の人口動態統計（概数）や 10 月 1 日現在の推計人口により「簡易生命表」も公表されています．

下の生命表は 1996 年の厚生省が公表した「簡易生命表」の部分抜粋したものです．

男

年齢 x	死亡率 $_nq_x$	生存数 ℓ_x	死亡数 $_nd_x$	平均余命 $\dot{e}_x$
0 （年）	0.00411	100000	411	77.01
1	0.00069	99589	69	76.33
2	0.00048	99519	48	75.38
3	0.00032	99472	32	74.42
4	0.00024	99440	24	73.44
⋮	⋮	⋮	⋮	⋮
15	0.00030	99258	29	62.56
16	0.00041	99229	40	61.58
17	0.00052	99189	51	60.61
18	0.00061	99137	60	59.64
19	0.00066	99077	65	58.67
20	0.00068	99012	67	57.71
21	0.00067	98945	67	56.75
22	0.00066	98878	65	55.79
23	0.00066	98813	65	54.83
24	0.00067	98747	66	53.86
25	0.00067	98681	66	52.90
⋮	⋮	⋮	⋮	⋮

16. 生命関数を考えてみよう

女

年齢 x	死亡率 $_nq_x$	生存数 ℓ_x	死亡数 $_nd_x$	平均余命 $\dot{e}_x$
0 (年)	0.00345	100000	345	83.59
1	0.00051	99655	51	82.88
2	0.00035	99604	35	81.92
3	0.00024	99569	24	80.95
4	0.00017	99545	17	79.97
⋮	⋮	⋮	⋮	⋮
15	0.00015	99416	15	69.06
16	0.00017	99401	17	68.07
17	0.00020	99384	20	67.08
18	0.00022	99364	22	66.10
19	0.00025	99342	25	65.11
20	0.00026	99317	26	64.13
21	0.00027	99291	27	63.15
22	0.00027	99265	27	62.16
23	0.00027	99238	27	61.18
24	0.00027	99211	27	60.19
25	0.00028	99185	27	59.21
⋮	⋮	⋮	⋮	⋮

　かっては，高校の数学の教科書で生命関数も教えられていました．例えば，教育出版の『標準高校数学III』(1962.P.162～164)では日本国民生命表(昭和29年度)を利用して次の問．を解くようになっています．
問1．男子の死亡数曲線，および死亡率曲線をグラフにかけ．
問2．15才の男・女の1年間における死亡率はどうして求めたかを考えよ．
問3．15才の男・女の1年間における生存率を求めよ．
問4．次の事象の統計的確率を少数第三位までもとめよ．
　① 生まれた男子が5年以上生存する事象
　② 15才の女子が10年以内に死亡する事象
　そこで，この問題を前記の簡易生命表で考えてみましょう．ただし，問1．の死亡数曲線，死亡率曲線は生命表と共に作成されているのでそれを記します．問2．からの解答は下のようです．

問1. 「簡易生命表」より.

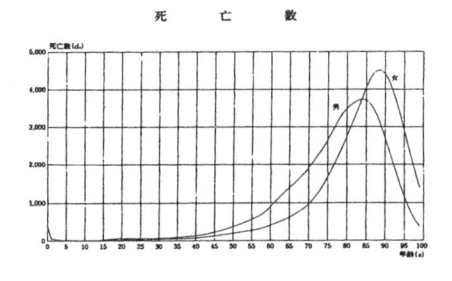

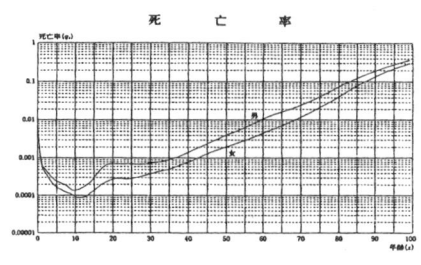

死　亡　数

死　亡　率

q_x は対数目盛

(注意：すべての年齢で男子は女子に超過する.)

問2. $q_{15} = d_{15} / \ell_{15}$

問3. $p_{15} = \ell_{16} / \ell_{15} = 1 - q_{15}$ だから,

　　　男子： $p_{15+1} = 99229/99258 = 0.99970$

　　　女子： $p_{15+1} = 99401/99416 = 0.99985$

問4. ① $1 - (4$年以内の死亡確率$) = 1 - {}_4 p_0 = 1 - 584/100000 = 0.99416$

② ${}_{10} q_{15} = {}_{10} d_{15} / \ell_{15} = (\ell_{15} - \ell_{25}) / \ell_{15} = 231/99416 = 0.00232$

となります.

次の問題は5人の生存の確率について考える問題です.

問題1.

15才の人が25才まで生存する確率を0.91とするとき, 次の各確率はどれだけか. 答えは少数第2位まで四捨五入してもとめよ.

(1)　15才の人5人が共に25才まで生存する確率.

(2)　15才の人5人のうち少なくとも3人が25才まで生存する確率.

　　　　　　　　　　　　　　　　　　　　大東文大.（経．外）.

5人の各人が15才から25才まで10年間生存することは互いに独立である点に注目して解けばよい訳です.

解答： (1) 問題では ${}_{10}p_{15} = \dfrac{91}{100}$ より, ${}_{10}q_{15} = \dfrac{9}{100}$ となり,

求める確率は $\left(\dfrac{91}{100}\right)^5 = 0.624$ ∴ **0.62** [答]

(2) 3人，4人または5人が生存する場合の確率の和から，
$$_5C_3\left(\frac{91}{100}\right)^3\left(\frac{9}{100}\right)^2 + {}_5C_4\left(\frac{91}{100}\right)^4\left(\frac{9}{100}\right) + {}_5C_5\left(\frac{91}{100}\right)^5 \fallingdotseq 0.994$$
$$\therefore\ 0.99 \qquad [答]$$
となります．

2．平均寿命の変化

人の平均寿命は労働条件，運動設備，栄養状態，衛生管理，介護施設，医学，薬学の進歩などにより大きく延びてきました．例えば，江戸時代は生命表はありませんが，寺院に残る宗門改帳や過去帳などによる分析推計によると 1600年頃は 30 才を越えないだろうと云われています．ところが，公表された「完全生命表」を見ると，

平均寿命

	明治24～31年 第1回	昭和22年 第8回	平成7年 第18回
男	42.8	50.1	76.4
女	44.3	54.0	82.9

であり，人生50年代に入ったのは昭和22年（1947年）で，現在では女性は80年時代に達し，世界でも長寿国のトップクラスに位置しています．（2001年8月．厚生労働省の「2000年簡易生命表」によると，平均寿命は女性84.62才で世界第1位，男性が 77.64 才で最長レベルと発表）．表から見ると平均寿命は約100年間に男子は33.6才，女子38.6才延びたことになります．イリノイ大学（アメリカ）の研究グループが日本，フランス，アメリカの 1985～95年の人口動態を分析した結果によると，延びは鈍ってきているが85才に達するのはフランスが2033年，日本は2035年，アメリカは2182年で100才達するのは日本，フランスが22世紀，アメリカは26世紀になるだろうと推定しています．

このように平均寿命の延びが著しいのは先進国で，『世界人口白書』（1995年）によれば世界の人口はざっと60億ですが，1995年～2000年の5年間の世界全域の平均寿命は男子約63.4才で，女子は約67.7才と推定し先進国と発展途上の国々との差が指摘されています．しかし，発展途上国でも乳幼児の死

亡率の低下は進み平均寿命は着実に延び続け地球人口は増加の一途を辿り 1950 年 25 億, 1987 年 50 億でしたが 2025 年には 80～100 億に達すると予測され人口爆発が心配されています.

"人口は幾何（等比）級数的に増加するが，食料の生産は算術（等差）級数的にしか増加しない." と経済学者マルサス（Thomas Robert Malthus. 1766～1834）の書『人口論』(1798 年) にあります. 人類はこの食料問題で将来も難題を抱え続けることになります.

マルサス

問題２.
　人口の増える割合が 1 年間に 1,000 人につき r 人である. 現在 A 人の人口は n 年後には □ 人になる.

昭和大.（医）.

複利法と同じで，簡単です.

解答：　1 年後は $A(1+r/1000)$ 　　　∴ $\boldsymbol{A(1+r/1000)^n}$
となります.

　最後に，生命表から自分の平均余命は何才か確かめてみて下さい.

◀ **解　答** ▶

(1) $\dfrac{\ell_x}{\ell_0} = p_x$ より 　　　 $\ell_0 p_x = \ell_x$ 　　　［答］

　出生者 ℓ_0 人中 x 才まで生き残る者の人数

(2) $p_{x+1} + d_x = \dfrac{\ell_{x+1}}{\ell_0} + \dfrac{\ell_x - \ell_{x+1}}{\ell_0} = \dfrac{\ell_x}{\ell_0} = p_x$ 　　　［答］

　出生者 ℓ_0 人が x 才にまで達する確率

(3) $p_x q_x = \dfrac{\ell_x}{\ell_0} \dfrac{\ell_x - \ell_{x+1}}{\ell_x} = \dfrac{\ell_x - \ell_{x+1}}{\ell_0} = d_x$ 　　　［答］

　出生者 ℓ_0 人のうち x 才に達した人が x 才から $(x+1)$ 才の間に死亡する確率

(4) $\quad p_x(1-q_x) = \dfrac{\ell_x}{\ell_0} \cdot \left(1 - \dfrac{\ell_x - \ell_{x+1}}{\ell_x}\right) = \dfrac{\ell_{x+1}}{\ell_0} = p_{x+1}$ 　　　[答]

出生者 ℓ_0 人が $(x+1)$ にまで達する確率

(5) $\quad \ell_0 d_x = \ell_0 \left(\dfrac{\ell_x - \ell_{x+1}}{\ell_0}\right) = \ell_x - \ell_{x+1}$ 　　　[答]

出生者 ℓ_0 人のうち x 才から $(x+1)$ 才までの間に死亡する者の人数

17. 男・女の出生比率の"謎"

■試問30■ 出生児100人につき平均女児は49人，男児は51人生まれることが統計的に確かめられているものとする．女児が生まれる確率 $p = \boxed{}$，男児が生まれる確率 $q = \boxed{}$ であるから，子供5人の家族について，次の2つの場合を考えてみよう．

(1) 女児が3人である確率は $\boxed{}$ なる式を計算し，小数第2位未満を四捨五入すると $\boxed{}$ となる．

(2) また女児が2人を越えない確率 p を求めたい．ところで次の3つの場合
 (a) 女児が $\boxed{}$ 人である．
 (b) 女児が $\boxed{}$ 人で，男児が $\boxed{}$ 人である．
 (c) 女児が $\boxed{}$ 人で，男児が $\boxed{}$ 人である．
は $\boxed{}$ 事象であって，p はこれらの3つの確率の $\boxed{}$ となる．
よって p は $\boxed{}$ なる式を計算し，小数第2位未満を四捨五入すると $\boxed{}$ となる．

立命館大，(理工)．

子供の頃から，不思議に思うことの1つにどうして人に男女の性別があるのか？と云うことがありました．『旧約聖書』の創世記に，"神はご自分にかたどって人を創造された．男と女に創造された．神は彼らを祝福して言われた．「産めよ，増えよ，地に満ちて海の魚，空の鳥，家畜，地の獣，地を這うものすべてを支配せよ．」"
と記されていることを知ったのはずっと後でした．そして，この聖書の教えがダウィンの進化論により否定され人はサルと同じ霊長目にリンネが分類していることも知りました．しかし，やはり男女両性の存在の不思議な思いは一向に解消できていません．

さて，この男女両性から**出生する子供が男児か女児か**を考えるとき，その出生を偶然現象と仮定すれば，それぞれの出生は平均すれば半々（同等に確からしい）と予想するのは自然であるように思われます．ある家族では男児ばかりであり，また別の家族では女児ばかりであることはあっても，それは一家族のことで,もっと家族数を多く考えれば半々となるような気がします．

ところが，実際にはこの出生児は一定比率に近い値で**男児が女児より多い**という神秘的な

17. 男・女の出生比率の"謎"

事実をイギリスの商人**グラント**が発見しました．その後多数の研究者が多くの資料に基づき様々な観点から研究した結果グラントの観察の結果は間違っていないことが分かり研究者の一人**ジュースミルヒ**はコロンブスに匹敵する発見と彼を絶賛しています．

その出生比を見ると今回の問題で示された"出生児100人につき平均女児は49人,男児は51人となる."に近いものです．すなわち，100人で考えると男児が数人多く出生することになります．そこで，研究者の間ではこの男児過多は何故生起するのか？ この**"神秘的な謎"**の解釈と解明が問題となりました．（余談.参照．）

ヒント 問題は統計的確率の内容で，出生児は男女独立に生まれるとし，次の定理の利用から多少計算は手間取りますが簡単に解けます．

[定理]

1回の試行で事象Eの起こる確率が p，起こらない確率が q のとき，n 回の試行で事象Eが r 回起こる確率は，二項定理

$$(p+q)^n = \sum_{r=0}^{n} {}_nC_r p^r q^{n-r} \quad (p+q=1)$$

の一般項 ${}_nC_r p^r q^{n-r}$ に等しい．

余談

1. ラプラスの男女比の計算

確率論を完成したフランスのラプラス（Pierre Simon Laplace.1749-1827.）は『確率についての論文』（1781年）で，男女の出生比と男女の出生確率の計算について，次のように論述しています．

「男女の出生比率については，観測して知り得るにすぎない；出生自体を考察すべきものとし，事象を抽象的な事実とすべきである．そして，男児出生または女児出生の可能性は0から1までの間の定数とし，この定数はその間に一様分布しているとする．」とし，

ラプラス

問題：$p+q$ 人の新生児中，p 人が男子，q 人が女子と仮定する．次に生まれる $m+n$ 人中 m 人が男子，n 人が女子である確率 P を求めよ．

を解いています．ラプラスは前半の仮定の部分が起こる事象をEとし，"Eに続いて $m+n$ 人中 m 人が男児，n 人が女児である事象"をE＋Fとし，求める事象E＋F

の確率 P は
$$P = {}_{m+n}C_m \left(\frac{p}{p+q}\right)^m \left(\frac{q}{p+q}\right)^n$$
と結果を得ています.(注1)

　すなわち,ラプラスは比率, $\frac{p}{p+q}$, $\frac{m}{m+n}$ の値が0から1まで同等に確からしいと考えて積分により計算しましたが, この結果は男女の出生の統計的確率 (比率) を求め, 男女の出生が独立と考えた場合の確率と一致しています. ラプラスは主著『確率の解析的理論』(1812年) では, パリ, ロンドン, およびナポリ王国で観察された出生数と男女比を調べ, 出生数はパリが最も少ないこと, また, 男女比は 25/24, 19/18 および 22/21 であり男女の出生数の差も最も少ないと云う理由から男児の出生の可能性が 1/2 を超える確率は他より小さいと考え, これを用いて計算で確かめています.

2. 男女比の観測とその解釈について
(1) グラントによる男女比の発見

　17世紀中頃イギリスの商人ジョン・グラント (John Graunt.1620-1674) はロンドン市の教会の死亡表から出生死亡の記録を調べて, その結果を『死亡表に関する自然的及び政治的諸観察』(1662年) として公表しました. その中で1629年から1661年の期間で,

ア. 出生数はつねに女子より男子が多い.
イ. そして出生数の男女の比は, 男子14人対女子13人であることを発見し, 地方と比較するためハントシャのものを調べると男子16人対女子15人であることから幾らかロンドンは男児が生じ易い傾向はあるが, ほぼ一致するとみました.

グラント

割合で示すと, 小数第4位を四捨五入して,

　　　　　ロンドン：男子 0.519, 女子 0.481
　　　　　ハントシャ：男子 0.516, 女子 0.484

となります. また, 男子の死亡がつねに女子の死亡より多いことを知り, 男子は女子より戦争, 奇禍, 溺死等で死亡があり, 男女は釣り合い一夫多妻にしなくても済むなど自然の法 (神の法) に基づくものと考えました.

(2) ジュースミルヒの「神の秩序」と男女比.

18世紀中期ドイツの神学者ジュースミルヒ (Johann Peter Süssmilch.1707-1767) はグラント以後の研究に注目しつつ多くの資料を調べ『出生,死亡及び繁殖より証明された人類の諸変動に存する神の秩序』(1741年) を出版しました. その「序言」で,"――人間は生まれ, そして死ぬ. しかしそれは常に一定の比率おいて. 子供は男児と女児が入り乱れて生まれる. しかしその御摂理によって選ばれた秩序を乱すことなしに.
人間は年令の点では一見したところ全く不規則に, ごちゃごちゃに死ぬる. けれどももっと正確に観察すると, これまた一定の比率にしたがっている.――しかし何故これら一切のことが生起するのだろうか. 神の御意図はこれによって [或種の不幸を, すなはち] 一切が神の秩序において保持されなかったとすれば,吾々が必ず陥らざるをえなかった不幸を吾々から遠ざけたく思し召されているのである."(注.2) と述べ人の出生,死亡,増殖などの変動的現象の間に神の秩序が存在することを証明しようとしました.
ジュースミルヒの出生比は,

女児20対男児21, あるいは女児50に対して男児53である. すなわち男児の超過は大体女児100人につき5人である.

としています. 割合で示すと,

男児0.512, 女児0.488 あるいは 男児0.515, 女児0.485

となることが分かります.

(3) ケトレーの「社会物理学」と男女比

19世紀中頃ベルギーの統計学者ケトレー (Lambert Adolphe Jacques Quetlet.1796-1874) は『人間及びその諸能力の発達(一名社会物理学)』(1835年) を著し, その中で"極めて顕著な且つずっと前から観察されているがその真の原因のまだ解からない一つの事実がある. それは,年々男児が女児より多く生まれることである. なお男子出生の女子出生に対する割合は, これまでそれが計算された諸国に就いては1を離れること僅かなので, 多少正確にこれを量定するには多くの観察に頼らねば

ケトレー

ならなかった."と述べ,

1817年から1831年までのフランスにおける1450万以上の資料を調べて女子100対男子106.38を得，この値は毎年極めて僅かしか変動していない結果を得ました．これを割合で示せば，

男子 0.515 対 女子 0.485

となります"ケトレーはこの不均衡を生じせしめるのは**神の秩序ではなく自然的力と人間的撹乱**などの要因の影響によるとし，人間は恰も物体に於ける重心と同様の位置を社会において占め，社会の諸要素がその周りを動揺するところの一つの平均であると考え社会物理学が確立できればそれに適合するものと見ました．その見地から調べて男女比の要因は**両親の年齢差**によるものと見ています．つまりヨーロッパではどこでも大体男が結婚する年令が妻より5～6才年長であることが普通でした．(注3) ケトレーのこの考え方にはジュースミルヒ等の考えが浸透していた当時強い批判や反論もありました．しかし，自然科学的な立場と，撹乱要因に確率論を適用するなど新しい方向を目指すもので，後世数理統計学の創始者とも言われています．

3．我が国統計学の先駆者杉亨二の苦心話

江戸幕府は，開国により諸外国に対処するため，1856年に洋学の教育,文献の翻訳およびその統制を目的に洋学所（蕃書調所）を設立しました．この蕃書調所は1863年に開成所と改称し，翌年には欧米風の学則が作られ，教授科目は語学(蘭,英,仏,独,露)，地理，窮理，数学，物産，化学，器械，画学，活字などがあり，名実ともに幕府の洋学の教育と研究機関となりました．したがって，諸外国の文献，新聞や雑誌など出版物も取り寄せられましたが，この開成所の翻訳方に，1860年蕃書調所へ教授手伝に任じられて入所し教授並に昇進した,後に日本の統計学の開祖と称される杉亨二（1828-1917）がいました．

当時の翻訳者にとって初めて知る学術内容の理解や訳語に並々ならぬ苦心があったようです．杉は次のように述べています．

" ── 毎年オランダから数十部の書籍が舶来せし中，1860年と1861年との両年のオランダ・スタチスチックと申す書籍あり ── ，ふと，それをみるというと，人員のことが書いてあって，百人中男が何人,何分何厘だの，生まれた子が何分何厘などという

17. 男・女の出生比率の"謎"

ことが書いてあった．どういう訳で人が何分何厘になるのか，算術をしらぬから分からぬだろうが，何にしても人が何分何厘とは妙な調べだと不思議になった．"(注4)

スタチスチックの訳語も男女の出生比率の概念もなく，人が分数や小数で表現されるのは奇異に思われたようです．

4. 最後に日本の出生比率はどうかを見てみましょう．最近は，薬学，医学の進歩で生命誕生に関して人為的な操作が加わり必ずしもグラントが云う自然の法（神の法）に基づきませんが，昭和の初期はまだ自然状態に近かったと思いますので，過去のデータを高校教科書『標準高校数学Ⅲ』（教育出版．1962）中の資料，日本の昭和2年から，昭和20年までの男女数およびその出生率を参考にさせてもらうと次のようです．(p.162)

年代	出生者	男子	女子	男子出生率	女子出生率
2～10	18999 千人	9712 千人	9287 千人	0.511	0.489
11～15	10228	5241	4987	0.512	0.488
16～20	9591	4919	4672	0.513	0.487

前記の2．での例と比較して見て下さい．

出生児 100 につき男児は平均 51 人，女児は 49 人（または男児 52 人対女児 48 人）に近いことが分かります．

演習として次の問題を上げておきます．

問題1.

女児が生まれる確率が 0.49，男児が生まれる確率が 0.51 であるとき，子供5人の家族について，女児が2人である確率を A，男児が2人である確率を B とすれば，比 $A:B$ の値に最も近いのは次のどれか．

(ア) 0.98　　(イ) 0.99　　(ウ) 1.00　　(エ) 1.01
(オ) 1.02　　(カ) 1.03　　(キ) 1.04　　(ク) 1.05

東京理科大．

(ヒント)　A, B はそれぞれ，

$$A = {}_5C_2 (0.49)^2 (0.51)^3, \qquad B = {}_5C_2 (0.49)^3 (0.51)^2$$

◀解 答▶

$$p = \frac{49}{100} = 0.49, \quad q = \frac{51}{100} = 0.51$$

独立事象より

(1) ${}_5C_3 p^3 q^2 = 10 \times (0.49)^3 (0.51)^2 \fallingdotseq \mathbf{0.31}$

(2) (a) 女児が0人である．

$$確率 = {}_5C_0 q^5$$

(b) 女児が1人で，男児が4人である．

$$確率 = {}_5C_1 p q^4$$

(c) 女児が2人で，男児が3人である．

$$確率 = {}_5C_2 p^2 q^3$$

は排反事象であって，P はこれら3つの確率の和となる．よって，P は

$$\begin{aligned}
&{}_5C_0 p^0 q^5 + {}_5C_1 p^1 q^4 + {}_5C_2 p^2 q^3 \\
&= (0.51)^5 + 5 \times (0.49)(0.51)^4 + 10 \times (0.49)^2 (0.51)^3 \fallingdotseq \mathbf{0.52}
\end{aligned}$$

となる． [答]

(参考文献)

(注1)．『B.M.S』（第88号）．ラプラス特集（Ⅲ）．安藤洋美訳．

(注2)．統計学古典選集第13巻『神の秩序』ジャースミルヒ著．岩野岩三郎・森戸辰男訳．大原社会問題研究所編．第一出版．1949．

(注3)．『人間について 上』ケトレ著．高野岩三郎校閲．平貞蔵・山村喬訳，岩波文庫．1969．

(注4)．『杉先生講演集』世良太一編．1902．『改訂増補社会統計学史研究』高野岩三郎著．栗田書店．1942．

参考文献

1. 『東西数学物語』平山諦著．恒星社厚生閣．1956．
2. 『復刻版 カジョリ初等数学史』小倉金之助補訳．共立出版．1997．
3. 『数学餘技』松田道雄著．修教社書院．1941．
4. 『数学100の問題』数学セミナー増刊．日本評論社．1984．
5. 『数学閑話』大上茂喬著．文明社．1928．
6. 『数学事典』執筆代表一松信．大阪書籍．1979．
7. 『生きた数学』ベルリマン著．三橋重男訳．東京図書 1967
8. 『イワンの数パズル』Y.ベレルマン著．金沢養訳．白揚社．1959．
9. 『グラフ理論への道』N・L・ビッグス．E・K・ロイド．R・L・ウィルソン著．一松信．秋山仁．恵羅博訳．地人書館．1986．
10. 『やさしいグラフ理論』田澤新成．白倉暉弘．田村三郎共著．現代数学社．1988．
11. 『和算以前』大矢真一著．中公新書．1980．
12. 『巡回セールスマン問題への招待』山本芳嗣．久保幹雄著．朝倉書店．1997．
13. 『塵劫記』吉田光由著．大矢真一校注．岩波文庫．1977．
14. 『高校数学史演習』安藤洋美著．現代数学社．1999．
15. 『数学の歴史』近藤洋逸著．毎日新聞社．1997．
16. 『宇宙＝1，2，3，……無限大』ジョージ・ガモフ著．瀬川範行著他訳．白揚社．1992．
17. 『暗号の数理』一松信著．講談社（ブルーバックス）．1980．
18. 『暗号と情報社会』辻井重男著．文芸春秋社．1999．
19. 『数学と数学記号の歴史』大矢真一・片野善郎共著．裳華房 1978
20. 『世界数学史物語』関誠一郎著．南光社．1936．
21. 『History of Mathematics』D.E.Smith．1925．
22. 『B・M・S』(88号) ラプラス特集 (Ⅲ)．安藤洋美訳．
23. 『死亡表』(統計学古典選集第3巻) グラント著．久留間鮫造訳．大原社会問題研究所編．栗田書店．1941．
24. 『神の秩序』(統計学古典選集第13巻) ジュース・ミルヒ著．高野岩三郎・森戸辰男訳．大原社会問題研究所編．第一出版．1949．
25. 『人間について 上』ケトレー著．高野岩三郎校閲．平貞蔵・山村喬訳．岩波文庫．1969．
26. 『改定増補社会統計学史研究』高野岩三郎著．栗田書店．1942．

27. 『数学パズル事典』上野富美夫著．東京堂出版．2000.
28. 『動物事典』岡田要監修．東京堂．1956.
29. 『日本神祇由来事典』川口謙二編著．柏書房．1993.
30. 『世界伝記大事典』ほるぷ出版．1980.
31. 『人口から読む日本の歴史』鬼頭宏著．講談社．学術文庫．2000.
32. 『確率論史』アイザック・トドハンター原著・安藤洋美訳．現代数学社．2002.

事項索引

ア

アーメスパピルス. 89
アキレスと亀. 84
アッバース朝. 49, 51
穴うめの問題. 6
『あらゆる商取引の敏捷で上手な計算』（ヨハネス・ウィドマン. 1489年）. 161.
アルクィンの問題. 38, 41
アルゴリズム. 50
『アルマゲスト』（プトレマイオス）. 50
暗号. 150, 151, 156
暗号の解読. 151, 159

イ

イスラム教. 49
『1,2,3…無限大』（G.ガモフ. 1947年）. 141
位相図. 30, 33
位置の幾何学. 29, 74
一方通行の問題. 60, 62
移動行列. 173, 174
犬の走る距離. 135
インド＝アラビア数字. 51
韻律集積等に関する方法. 45

ウ

渦巻き折線. 68, 69
運動を否定する逆理. 84, 110
ヴェーダ. 46

エ

易経. 10
円陣. 10, 25
エルゴート性. 181

オ

オイラー閉路. 75, 76
オイラー方陣. 21
狼と羊とキャベツを伴う旅人の川渡り. 37
『男重宝記』. 41

カ

カード方陣. 21, 22
『解析術演習』（トーマス・ハリオット）. 1631年）. 162
『確率についての論文』（ラプラス. 1781年）. 190
『確率の解析的理論』（ラプラス. 1812年）. 191
確率論. 118
学問の神様. 121, 123
『学問の発達』（フランシス・ベーコン, 1623年, 1605年）. 153
蝸牛（かたつむり）. 137
『神の秩序』（ジュースミルヒ. 1741年）. 192
簡易生命表. 183, 186.
寛永通宝. 88, 89
『勘者御伽双紙』中根彦循 1743年）. 3
完全生命表. 183, 186
『竿頭算法』（中根彦循. 1738年）. 2
カリフ. 49
川渡り問題. 37

キ

期待値（数学的）. 118, 119, 120, 123, 124, 133, 182
奇点（一筆書き）. 32, 34, 74
『旧約聖書』. 189
教科書『算数：第5学年用下』（文部省）. 17
教科書『算数：6年下』（啓林館1985年）. 16

教科書『尋常小学算術第二学年下』（文部省．1937年）．99．
教科書『尋常小学算術第六学年下』（文部省．1941年）．113
教科書『標準高校数学Ⅲ』（教育出版．1962年）．184, 194
ギリシャの算術．51

ク

偶然現象．181
偶点（一筆書き）．32, 33, 74, 75
組合せ．46〜47, 57
グラフ（理論）．29, 33, 74

ケ

ケーニヒスベルクの橋渡りの問題．28, 33, 74
経路の最短距離．56, 57, 62, 66, 73
けられたボールの動く距離．135

コ

コインの置き換え．106, 107
格子点．62, 69
『甲子夜話』．96
合格の確率．125, 126
国勢調査．183
五星陣．24
碁盤の目の形．56
小町算．1, 3
小町虫食い算．1
固有方程式．172
『娯楽数学』（リュカ．1883年）．104

サ

最適値．66, 67
魚の問題．48

作図問題．140
サクラダ・ファミリア教会．12
差の方陣．15
三角数．61, 62
サラ金．94
3人の焼きもち亭主夫婦の川渡り．37〜39
『算法闕疑抄』（磯村吉徳．1661年）．25
『算法統宗』（程大位．1593年）．10, 87, 88
『算盤の書』（フィボナッチ．1202）．90

シ

シーザーの暗号．152
『ジギル博士とハイド氏』（スティーヴンソン．1886年）．148
『自然学』（アリストテレス）．84
自然的変動．170, 178
四則演算．164, 167
死亡率．181, 182
『社会物理学』（ケトレー．1835年）．192
社会的変動．170, 178
尺貫法とメトル法．93
樹形図．8, 63, 73
『首書闕疑書』（磯村吉徳．1661年）．10
巡回セールスマンの問題．76, 77
巡回路．73〜75
順列．46, 57
順列・組合せの理論．57
『小学算術教授本』（山田正一．1873）．2
将棋．92, 94, 141
『諸観察』（ジョン・グラント．1662）．191
状態の流れ図．38
書体（正書・行書・草書）．28
『真元算法』（武田真元．1844年）．29
『塵劫記』（吉田光由．1627年）．86〜88, 92, 93, 97, 98, 101
人口推移行列．177

人口動態調査. 181, 183, 186
人口比率ベクトル. 174
人口問題. 170, 177
『人口論』.（マルサス. 1798年）. 187

ス

『数学の鍵』（ウィリアム・オートレッド. 11631年）. 162.
スタチスチック. 193, 194
スプロール現象. 170
墨付. 2

セ

星陣. 23〜25
生存率. 181, 182
『青年の精神を敏捷にする問題集』（アルクィン）. 37
正方魔方陣. 13, 25
生命関数. 181〜184
生命表. 181〜183, 186
『精要算法』（藤田貞資. 1781年）. 2
世界20都市巡りのゲーム（"世界周遊の旅"）. 75
『世界人口白書』. 186
積の方陣. 15, 17, 18
銭1円, 日に日に2倍の事. 86
宣教師と人食い人種の川渡り問題. 40
占星術. 11, 16

ソ

相対度数. 181
ソロモンの記章. 24

タ

『代数学』（ホエッケ. 1514年）. 161
『代数学』（ラーン. 1659年）. 162

宝島の地図. 147, 148
ダビテの星. 24

チ

直線図形の経路. 54
『知恵の砥石』（ロバート・レコード. 1557年）. 163
知恵の館. 50

ト

ドーナツ現象. 170
統計的確率. 181, 184, 189, 190, 191
到達数の表示. 57, 59, 61
等比数列の問題. 86, 87, 89, 108, 113, 116, 176
同様に確からしい. 189
独立事象. 125
トポロジー. 29, 33
虎の子渡し. 41
取り尽くし. 109, 111, 112, 115
トンチ問題. 51

ナ

浪華28橋知慧渡り. 29, 33
南禅寺の方丈庭園. 41

ニ

二記号暗号（フランシス・ベーコン）. 153

ネ

ネズミ講. 94, 100
ネズミ算. 97〜100, 109

ノ

ノートルダム寺院. 30, 31

ハ

倍増問題. 86, 92, 93, 97, 109
排反事象. 125
背理法. 112
バグダード. 49, 50
ハミルトン閉路. 75〜77
八卦. 10
バラモンの塔（一名ハノイの塔）. 103, 105〜107

ヒ

一筆書き. 27〜36, 73〜75
日に日に1倍の事. 86, 88, 91
100作り問題. 3
ピタゴラス学派. 24
ピラミット. 50

フ

フォン・ノイマンの逸話. 136
覆面算. 2
物々交換の問題. 44
ブラマーの塔. 105
『プリンキピア』（ニュートン. 1686年）. 155

ヘ

平均寿命. 182, 186, 187
平均余命. 181, 182
ベクトル. 80, 132, 140, 141, 166

ホ

『方陣新術』（松永良弼）. 10
『放物線の求積』（アルキメデス）. 111
星形五角形. 24
星形六角形. 24

マ

マジック数. 9, 13, 15, 16, 23, 24
魔方陣. 9〜16, 18, 24
魔方陣の標準形. 13, 20, 22
マルチ商法. 100

ム

虫食い算. 1, 2, 5, 6

メ

『メランコリアⅠ』（アルブレヒト・デューラー. 1514年）. 10, 11

モ

目的物探しの問題. 144

ヨ

『楊輝算法』（楊輝 13世紀）. 10, 11, 25
余事象. 125

ラ

洛書. 10
『洛書亀鑑』（田中吉真）. 10
ラテン方陣. 18〜22
ラッキーチャンス. 100

リ

竜安寺の石庭. 41
リンゴの問題. 43
『リーラヴァティ』（バースカラⅡ世）. 44, 45, 52

レ

連結グラフ. 74

ロ

六星陣. 23, 24, 25

人名．索引

ア

アーメス（Ahmes. B.C.1650?）. 89
アイゼンロール. 89
アウグストゥス帝（Augustus. B.C.27 – A.D.14）. 152, 153
アメネハットⅢ世（AmenehatⅢ世. B.C.1849 – 1801 頃）. 89
アリアバッター（Aryabbata. 476 – ?）. 471
アリストテレス（Aristoteles. B.C.384 – 322）. 84, 85
アルキメデス（Archimedes. B.C.287? – 212）. 111〜113
アルクィン（Alcuin. 736 – 804）. 37. 39
アルクワリズミ（Muhammad Ibn Mùsá Al – Khwárizmi. 780? – 850?）. 50
アル・マムーン（al – Mámûn. 在位 813 – 833）. 49, 50
アル・マンスール（al – Mánsûr. 在位 754 – 775）. 49
アンリⅣ世（Henñ Ⅳ世. 在位 1589 – 1610）. 155, 156

イ

イエス（Jesus. B.C.4 – A.D.30?）. 12, 13
磯村吉徳（? – 1710）. 10, 25

ウ

ヴィエタ（Franciscus Vieta. 1540 – 1603）. 113, 155
ウイッドマン（Johannes Widmann. 1460 – 1498?）. 161
宇多天皇（在位 887 – 897）. 122

オ

オートレッド（Wiliam Oughtred. 1575 – 1660）. 162
オイラー（Leonhard Euler. 1707 – 1783）. 20, 28, 29, 32, 74, 75
織田信長（1534 – 82）. 94

カ

カールⅠ世（KarlⅠ世. 在位 768 – 814）. 39
ガウス（Carl Friedrich Gauss. 1777 – 1855）. 62
カエサル（＝シーザー：Gaius Julius Caesar. B.C.102 – 44）. 152, 153
ガモフ（George Gàmow. 1904 – 68）. 141, 142, 152, 153
桓武天皇（在位．781 – 806）. 56

キ

吉備真備（695 – 775）. 94

ク

グラント（John Graunt. 1620 – 1674）. 190, 191, 192, 194

ケ

ケトレー（Lamberc Adolphe Jacques Quetlet. 1796 – 1874）. 192, 193
元明天皇（在位．707 – 715）. 56

コ

コロンブス（Christopher Columbus. 1446? – 1506）. 190
小堀遠州（1579-1647）. 41

シ

シッサ（Sissa ben Dahir. 伝説人．生没

不明). 94, 95
ジュースミルヒ (Johan Peter Süssmilchi. 1707-1767). 190, 192, 195
舜帝 (古代中国五帝の1人：伝説人：生没不明). 10
シンプリキオス (6世紀頃). 85

ス

菅原道真 (845-903). 121, 122, 123
杉享二 (1828-1917). 193, 195
スティーヴンソン (Robert Louis Balfor Stèvenson. 1850-94). 147
ステヴィン (Simon Stevin. 1548-1620). 164
スティムソン (Henry Lewis Stim'son. 1867-1950). 156

セ

関 孝和 (1642-1708). 10
ゼノン (エレア：Zenôn. B.C.490?-430?). 84, 85, 110

ソ

ソクラテス (Sokrates. B.C. 470?-399). 85
曽呂利新左衛門 (坂内宗拾?-1603). 95, 96

タ

平 希琶 (?-930). 122
醍醐天皇 (在位 897-930). 122
ダウィン (Charles Robert Dar'win. 1802-1882). 189
武田信元 (?-1846). 29
田中吉真 (=由真. 1651-1719). 10
タルタリア (Niccolô Tartaglia. 1500?-1557). 39, 164
ダントン (Georges Jacques Danton. 1759-94). 31

テ

程大位 (中国明代：1533-?). 10, 87, 88
ディオファントス (Diophantos. 246?-330?). 164
デュドニー (H.E.Dudeney. 1857-1930). 3
デュラー (Albrecht Durer. 1471-1528). 10~14

ト

斎世親王 (ときよしんのう). 122
徳川家康 (1542-1616). 88, 94
豊臣秀吉 (1536-98). 10, 94, 95, 96

ナ

中根彦循 (1701-1761). 2, 3
ナポレオン (Naoléon Bonaparte. 1769-1821). 50
ニュートン (Isac Newton. 1643-1727). 154, 155

ハ

ハールン・アッシラード (Harun al-Rashid. 在位 786-809). 49
バスカラⅡ世 (BhâskaraⅡ世. 1114-1185?). 44, 45, 47, 52
パットン・ジュニア (R.L.Pattin Junior). 3
ハミルトン (William Rowan Hamiltonn. 1805-1865). 75~77
ハリオット (Thomas Harriot. 1560-1621). 162
パルメニデス (Parmenidés. B.C.475?-?). 84, 85

ヒ

ピタゴラス（サモス：Pythagoras. B.C.570?－500？）. 61, 62
ヒル（L.S.Hill）. 150

フ

フィボナッチ（Fibonacci. 1180?－1250?）. 90
フィリップⅡ（PhilippeⅡ世. 在位. 1180－1223）. 155
フォン・ノイマン（John von Neumann. 1903－1957）. 136, 137
藤田貞資（1734－1807）. 2
藤原時平（871－909）. 122
藤原清貫（866－930）. 122
プトレマイオス（Ptolemaeos Claudius. 2世紀）. 50
ブラマグプタ（Brahmagupta, 598－660？）. 47
フリードマン（William Frederick Freedman. 1891－1969）. 157

ヘ

ベーコン（Francis Bacon. 1561－1626）. 153, 154

ホ

ホイヘンス（Christiaan Huygens. 1629－1695）. 154, 155
ホエッケ（Giel Vander Heeck.）. 161
ポリビオス（Polybios. B.C.201?－120？）. 152, 158

マ

松永良弼（1690－1744）. 10
マリー・アントワネット（Marie Antoienette. 1755－93）. 31
マルサス（Thomas Robert Malthus. 1776－1838）. 187

ム

ムハマンド（＝マホメット：Mohammed＝Mahomet. 571?－623）. 49

ヤ

ヤードリー（Helbert. O. Yardry, 1889－1958）. 156
山田正一（？）. 2

ユ

ユダ（Judas・キリスト12人の使徒の1人）. 12

ヨ

楊輝（中国宗代：）. 10～12. 25
吉田光由（1598ー1672）. 86, 87

ラ

ラーン（Johabn Heinrrich Rahn. 1622－1676）. 162
ライプニッツ（Gottfried Wiihelm Leibniz. 1646－1716）. 29, 154, 155, 162, 164
ラジャ・バルハイト王（インド伝説王. Schahram または Shirám 王ししたものなど種々あり）. 94
ラプラス（Pierre Simon Laplace. 1749－1827）190, 191

リ

リュカ（Edouard Lucas. 1842－1891）. 103, 104, 105
リンド（A.Henry Rhind. 1707－78）. 89,

190, 191
リンネ (Carl von Linne. 1707-78). 189

レ

レオナルド・ダ・ピサ (=フィボナッチ). 90
レギオモンタヌス (Regiomontanus. 1436-1647). 162

レコード (Robert Recorde. 1510-1558). 163

ロ

ロベスピエール (Maximilien Francios Marie Isidore Robespierre. 1758-94). 31

[肖像写真] ( ) はページ

アウグストゥス (153)
アルキメデス (113)
アルクイン (39)
アルーマムーン (49)
ヴィエタ (113)
オートレッド (162)
オイラー (20)
カールⅠ世 (39)
ガウス (62)
グラント (191)
ケトレー (192)
シモン・ステヴィン (164)
ジュリアス・シーザー (153)
菅原道真 (122)
杉 亨二 (193)

ゼノン (84)
タルタリア (40)
デュラー (11)
天神像 (122)
豊臣秀吉 (95)
ニュートン (155)
ハミルトン (75)
ピタゴラス (62)
フランシス・ベーコン (154)
ホイヘンス (155)
マルサス (187)
ラプラス (190)
レギオモンタヌス (162)
レコード (163)

〔著者紹介〕
岸吉堯（きしよしたか）
1937年島根県に生まれる
1962年京都学芸大学数学科卒業．
兵庫県立尼崎北および御影高等学校、私立神戸海星女子学院に勤務し、1997年退職
著書：『高校の線型代数』（共著．現代数学社），『現代の総合数学Ⅰ』（＝『大道を行く高校数学：代数・幾何編』）（共著現代数学社），レーマン『統計学講話』（共訳．現代数学社），リード『数理統計学者 ネイマンの生涯』（共訳．現代数学社）

入試問題が語る数学の世界　　　　2004年2月16日　初版1刷発行

検印省略

著　者　　岸　吉堯
発行者　　富田　栄
発行所　　株式会社　現代数学社
〒606-8425　京都市左京区鹿ケ谷西寺ノ前町1番地
TEL&FAX 075-751-0727
http://gensu.co.jp/

印刷・製本　株式会社　合同印刷

ISBN4-7687-0294-5　　　　　　　　落丁・乱丁はお取替えいたします。